国家示范性高等职业教育新形态"一体化"系列精品教材
高职高专院校机械设计制造类专业"十三五"规划教材

MasterCAM
基础与应用

（第2版）

主　编 ◎ 彭宽平
副主编 ◎ 黄交宏　　袁星华　　裴红蕾　　虞启凯

华中科技大学出版社
http://www.hustp.com
中国·武汉

内 容 简 介

本书共分 10 个项目,包括 MasterCAM 概述、绘制二维图形、几何图形的编辑、图形的标注、曲面和曲线的构建、三维实体造型、CAM 加工基础、二维铣削加工、三维铣削加工、习题集等内容。

本书可作为高职高专院校机械制造、机电一体化、数控、模具及其他相关专业的教材,也可作为相关工程技术人员的参考用书。

图书在版编目(CIP)数据

MasterCAM 基础与应用/彭宽平主编. —2 版. —武汉:华中科技大学出版社,2019.9
ISBN 978-7-5680-5229-0

Ⅰ.①M… Ⅱ.①彭… Ⅲ.①计算机辅助制造-应用软件-高等职业教育-教材 Ⅳ.①TP391.73

中国版本图书馆 CIP 数据核字(2019)第 123119 号

MasterCAM 基础与应用(第 2 版)
MasterCAM Jichu yu Yingyong

彭宽平　主编

策划编辑:张　毅
责任编辑:张　毅
封面设计:孢　子
责任监印:朱　玢
出版发行:华中科技大学出版社(中国·武汉)　　电话:(027)81321913
　　　　　武汉市东湖新技术开发区华工科技园　　邮编:430223
录　　排:武汉正风天下文化发展有限公司
印　　刷:武汉华工鑫宏印务有限公司
开　　本:787mm×1092mm　1/16
印　　张:13
字　　数:324 千字
版　　次:2019 年 9 月第 2 版第 1 次印刷
定　　价:36.00 元

MasterCAM 是基于 PC 平台的 CAD/CAM 软件,它集二维绘图、三维实体造型、曲面设计、体素拼合、数控编程、刀具路径模拟及真实感模拟等多种功能于一身,提供了设计零件外形所需的理想环境,利用其强大稳定的造型功能可设计出复杂的曲线、曲面零件。MasterCAM 对系统运行环境要求较低,用户无论是在造型设计、数控铣床、数控车床或数控线切割等加工操作中,都能获得最佳效果。目前,MasterCAM 软件已被广泛应用于通用机械、航空、船舶、军工等行业的设计与数控加工。

通过本书的学习,学生能够掌握计算机绘制零件图,根据零件特点选择工艺参数、刀具路径、仿真加工过程,通过后处理生成数控加工程序等技能。

编者根据自己多年的教学和实践经验,在编写过程中,力求做到以实用为目的,通过具体实例介绍 MasterCAM 软件的使用方法,其中详细介绍了软件的各种命令的使用方法,以点带面,让学生在实际上机操作中边练边学,进而熟练掌握软件的使用技巧并加以应用。同时书后还配有习题集,可供学生上机练习时使用。

本次修订主要根据学生在使用过程中遇到的难点和共性问题进行了合理编排和强化;对一些操作的过程和方法进行了更详细的阐述,同时也更正了一些错误。另外,增加了教材中有关绘图和加工文件的电子档,供读者在练习时对照参考,请扫描下方二维码下载。

本书由武汉职业技术学院彭宽平担任主编,无锡城市职业技术学院黄交宏、广州市市政职业学校袁星华、无锡工艺职业技术学院裴红蕾、南京科技职业学院虞启凯担任副主编。其中:项目 1、项目 4 由黄交宏编写,项目 2、项目 3 由袁星华编写,项目 5 至项目 9 由彭宽平编写,项目 10 由裴红蕾编写,虞启凯参与部分章节编写及图文整理工作。全书由彭宽平统稿和定稿。

本书在编写过程中,得到了许多专家的指导和建议,在此表示衷心感谢。由于编者水平有限,书中存在的错误和不当之处,敬请广大读者批评指正。

本书习题集相关资源请扫下方二维码:

编　者

2019 年 9 月

项目 1
MasterCAM 概述

◀ 项目摘要

通过本项目的学习，了解 MasterCAM 的主要功能，熟悉 MasterCAM 的工作界面和工作环境的设置方法，学会正确使用工具按钮和菜单命令，掌握文件管理的方法。在使用软件的过程中要学会 MasterCAM 快捷键的使用，以提高工作效率。

◀ 任务1　MasterCAM 主要功能 ▶

一、CAD 部分的功能

（1）可以绘制二维和三维图形，具有标注尺寸等各种编辑功能。

（2）提供图层的设定，可隐藏和显示图层，使绘图变得简单，显示更加清楚。

（3）提供字形的设计，对各种标牌的制作提供了最好的方法。

（4）可绘制曲线及曲面的交线、延伸、修剪、熔接、分割、倒直角、倒圆角等。

（5）图形文件格式可转换至 AutoCAD 或其他软件兼容的格式，也可以从其他软件的文件格式转换至 MasterCAM 的文件格式。

（6）可以构建实体模型、曲面模型等三维造型。

二、CAM 部分的功能

（1）分别提供 2D、2.5D、3D 模块。

（2）提供外形铣削、挖槽、钻孔加工、平面铣削等模式。

（3）提供曲面粗加工模式，粗加工可使用八种加工方法：平行式、放射式、投影式、曲面流线式、等高线式、间歇式、挖槽式、插削式。

（4）提供曲面精加工模式，精加工可使用十种加工方法：平行式、陡斜面式、放射式、投影式、曲面流线式、等高线式、浅平面式、交线清角式、残屑清除式、环绕等距式。

（5）提供线架曲面的加工模式，如直纹曲面、旋转曲面、扫描曲面、昆氏曲面、举升曲面等的加工模式。

（6）提供多轴加工模式。

（7）提供刀具模拟显示及 NC 程序，显示运行情况和加工时间。

（8）提供刀具路径实体模型，检验显示出的模拟加工生成产品，避免到达车间加工时产生错误。

（9）提供多种后处理程序，以供各种控制器使用。

（10）可建立各种管理文件，如刀具管理、操作管理、串连管理及工件管理和工作报表等。

◀ 任务2　MasterCAM 操作界面 ▶

单击"开始"按钮，选择 MasterCAM 9.1 的对应图标，即可启动 MasterCAM 9.1 的对应模块；或双击 MasterCAM 9.1 在桌面的快捷方式图标，即可启动 MasterCAM 9.1 的对应模块。下面以模块 Mill 9.1 为例介绍 MasterCAM 9.1 的主窗口界面及组成部分，如图1-1所示。

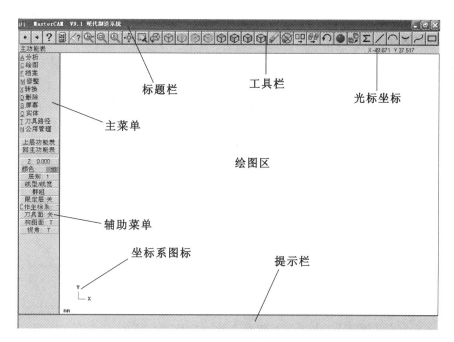

图 1-1　MasterCAM 9.1 主窗口界面

一、标题栏

MasterCAM 9.1 的主窗口界面最上面的一行为标题栏,用于显示当前软件的版本及使用的模块等信息。不同的模块其标题栏也不相同。如果已经打开了一个文件,则在标题栏中还将显示该文件的路径及文件名。

二、工具栏

工具栏由位于标题栏下面的一排按钮组成,如图 1-2 所示。工具栏是常用菜单选项的快捷方式,它可以省去用户查找菜单的过程。启动的模块不同,其默认的工具栏也不尽相同。用户可以通过单击工具栏左端的　　按钮来改变工具栏的显示,也可以通过快捷键 Alt＋B 来控制工具栏的显示或关闭。

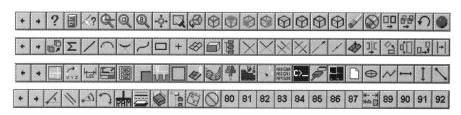

图 1-2　工具栏

三、主菜单

在主菜单中选择一个命令后,系统将在主菜单区域显示命令的下一级菜单。单击"上层功能表"或"回主功能表"，可返回上级菜单或主菜单。主功能表的内容包括以下几个部分。

分析（Analyze）：显示绘图区已选取的对象所有的相关信息。

绘图（Create）：绘制图形。

文档（File）：处理文档（保存、取出、编辑、打印等）。

修整（Modify）：修改图形，如圆角、修剪、分割、连接和其他指令。

转换（Xform）：转换图形，如镜像、旋转、比例、平移、偏移和其他指令。

删除（Delete）：删除图形。

屏幕（Screen）：改变屏幕上的图形显示。

实体（Solids）：绘制实体模型。

刀具路径（Tool paths）：进入刀具路径菜单，显示刀具路径选项。

公共管理（NC utils）：给出编辑、管理和检查刀具路径指令。

四、辅助菜单

辅助菜单主要包括：工作深度（Z）、颜色（Color）、图层（Level）、属性（Attributes）、群组管理（Groups）、限定使用层（Mask）、查看坐标系（WCS）、刀具平面（Tplane）、构图平面（Cplane）、图形视角（Gview）等参数的设置，单击各按钮即可进行设置。

五、提示区

窗口的最下部为提示区，它主要用来显示操作过程中相应的提示，有些命令的操作也在该提示区显示。可以通过快捷键 Alt＋P 来控制提示区的显示和关闭。

六、绘图区

绘图区为绘制、修改和显示图形的工作区域。

七、坐标系图标

位于绘图区左下角的坐标系图标用于显示当前视图的坐标轴。

八、光标坐标

光标坐标位于绘图区右上角，用于显示光标在当前构图面中的坐标值。

九、上层功能表

单击该按钮，可返回上层菜单。

十、回主功能表

单击该按钮，可返回主菜单。

任务3 MasterCAM 屏幕设置

如图 1-3 所示,在主菜单中选择"屏幕",从其中选择相关选项即可打开相应的对话框,通过选择各对话框的选项卡,可对系统的默认配置分别进行设置。

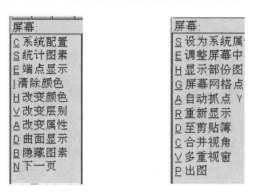

图 1-3 "屏幕"设置菜单

一、系统配置

此功能用于设定 MasterCAM 系统的工作状态。在主菜单中选择"屏幕→系统配置",即弹出如图 1-4所示的对话框。对话框中的几个常用功能简述如下。

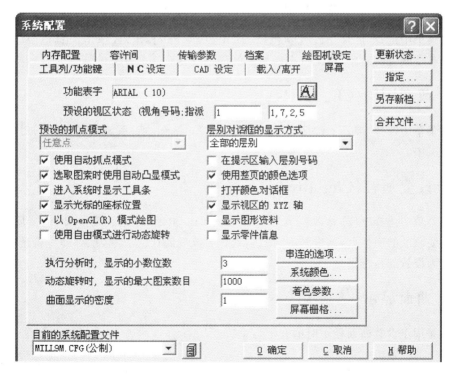

图 1-4 "系统配置"对话框

（1）内存配置：系统根据计算内存容量和文件的大小，为 MasterCAM 的某些功能设置最大的值。

（2）容许间隙：用户可根据需要来调整系统设置的默认容许间隙值。

（3）传输参数：这些参数用以确定 MasterCAM 与数控机床进行通信时的传输参数。

（4）档案：为 MasterCAM 设定相关的资料路径和使用档案文件的默认值。

（5）绘图机设定：设置绘图机的相关参数。

（6）屏幕：设定屏幕显示参数。

二、统计图素

此功能用于统计目前显示在屏幕上的图素数目。

三、端点显示

此功能用于显示屏幕上所有图素的端点，显示的端点可以选择"Yes"保存，也可以选择"No"不保存。

四、清除颜色（Clr colors）

在主菜单中选择"屏幕→清除颜色（Screen→Clr colors）"或单击工具栏中的按钮后，不需要选择几何对象，系统会自动清除群组和结果（如镜像等转换后的几何图形）的设置颜色，恢复这些对象的本来颜色。

五、改变颜色（Chg colors）

在主菜单中选择"屏幕→改变颜色（Screen→Chg colors）"，或单击工具栏中的按钮后，选择需要改变颜色的对象，系统将选择对象的颜色改变为当前设置的颜色。

六、改变图层（Chg levels）

在主菜单中选择"屏幕→改变图层（Screen→Chg levels）"，系统可将选择的对象转换至指定的图层中。

七、改变属性（Chg attribs）

在主菜单中选择"屏幕→改变属性（Screen→Chg attribs）"，系统弹出"改变属性"对话框。设置要改变的属性后，单击"OK"按钮，选择要改变属性的对象，系统即可将选择对象的属性改变为设置的目标属性。

八、曲面显示

此功能用于设置曲面显示时的线框数量。

九、隐藏图素

该指令可将所选图素暂时隐藏起来,或显示已隐藏的图素。这些被隐藏的图素并未删除,依然存在于图形文件中。被暂时隐藏的图素在屏幕上不可见,不能被选择,因此不能列表及绘出。欲消除隐藏,使图素可见,可选择"回复隐藏"命令。

十、屏幕网格点

此功能用于在屏幕上显示网格点,以便鼠标指针能精确地选点。

十一、自动抓点

此功能设为"Y"时,鼠标指针能自动捕捉一些特殊点,如端点、中点、圆心点、交点等。

十二、至剪贴簿

此功能可将目前显示在屏幕上的所有几何图形拷贝至 Windows 系统中的剪贴簿。

十三、多重视窗

此功能用于将屏幕分割成多个窗口,最多可以设定成四个。从功能表中选择该功能或使用快捷键 Alt＋V,将出现多重视窗对话框,只要用鼠标指针选择所要的视窗布局即可。

十四、出图

此功能用于在绘图机上绘出显示在当前屏幕上的几何图形。

◀ 任务4 命令的输入和结束 ▶

一、输入命令的方法

各项操作命令的输入方法如下。
(1)从主、辅助菜单中选择。
(2)从工具栏中选择。
(3)从键盘输入代表命令的字母。
(4)使用相应的快捷键。

二、结束命令的方法

结束操作命令的方法如下。
(1)当一条命令正常完成后将自动终止。
(2)命令正常结束后,按 Enter 键或单击鼠标左键。

（3）命令在执行过程中需要结束时，按 Esc 键返回上一菜单。

◀ 任务5 文件管理 ▶

文件管理命令包括：创建新文件，打开、插入已有文件及文件的复制、删除等。

一、建立新文件

建立新文件的操作步骤如下。

（1）在主菜单中选择"文件→新建（File→New）"。

（2）系统将弹出"新建"对话框，提示"确实要初始化图形和操作吗?"，单击"是"按钮。如果当前图形没有保存，将会弹出"保存"对话框进行提示。选择"保存"，系统将初始化，使图形和数据的操作都恢复到系统的默认配置；单击"否"按钮，则取消该指令返回到当前文件。

（3）单击"是"按钮。

二、打开文件

打开文件的操作步骤如下。

（1）在主菜单中选择"文件→取出（File→Get）"，弹出"打开文件"对话框。

（2）选择文件后，单击"Open"按钮或双击所选文件，打开该文件。

（3）如果选中已经打开的当前文件或当前文件未保存，系统将弹出"提示保存"对话框进行提示。选择"是"，保存现在改变的图形文件；若选择"否"，则关闭当前文件不保存。

三、保存文件

保存文件的操作步骤如下。

（1）在主菜单中选择"文档→保存（File→Save）"，弹出"保存（Save）"对话框。

（2）在输入框中输入文件的名字，然后单击"保存（Save）"按钮，即可保存当前文件。

（3）当输入的文件名重名时，系统弹出"重名提示"对话框。单击"是"按钮，则用当前名字代替原来的名字并保存文件。单击"否"按钮，返回"保存文件"对话框，然后重复步骤（2）。

四、浏览文件

浏览文件的操作步骤如下。

（1）在主菜单中选择"文件→浏览（File→Browse）"，弹出"浏览目录"对话框。

（2）选择或输入浏览图形的子目录，或单击浏览按钮，打开"浏览"对话框，选择所需文件后，单击"OK"按钮。

（3）按 Enter 键，接受提示区提示的路径，系统循环显示子目录中所有图形文件；或输入一个新路径名，然后按 Enter 键，系统继续循环显示该子目录中所有图形文件。

（4）按 Esc 键两次，退出浏览，或按 Esc 键一次，退至显示"浏览（Browse）"子菜单。

◀ 任务 6   退出 MasterCAM ▶

输入关闭命令,可以采用以下方式之一。

(1) 在主菜单中选择"文件→下一页→关闭(File→Next Menu→Exit)"。

(2) 单击窗口左上角的按钮。

(3) 单击窗口右上角的按钮,打开菜单,选择按钮。

(4) 双击窗口右上角的按钮。

(5) 使用快捷键 Alt+F4。

系统弹出对话框,确认退出,单击"是"按钮,则退出 MasterCAM。

如果当前文件修改过而未存盘,则系统弹出"确认关闭"的对话框。单击"是"按钮,则存储该文件并退出 MasterCAM;单击"否"按钮,则不存盘退出。

◀ 任务 7   获取帮助信息 ▶

MasterCAM 9.1 提供了大量的帮助信息,在操作过程中可以使用快捷键 Alt+H 或单击工具栏中的"?"按钮,打开"MasterCAM Help"对话框。单击对话框中的各个标题,可以显示更详细的内容,也可在各对话框的右下角单击"帮助(Help)"按钮,系统即打开有关该对话框的帮助信息。

◀ 任务 8   MasterCAM 快捷键 ▶

为了便于操作,MasterCAM 定义了一些快捷键,可方便用户的操作,提高工作效率,主要有如下几种(黑体表示使用频繁的快捷键)。

Alt + 0:设置工作深度(Z depth)。

Alt + 1:设置颜色。

Alt + 4:选择刀具平面(Tplane)。

Alt + 5:选择构图平面(Cplane)。

Alt + 6:选择视角(Gview)。

Alt + A:自动保存。

Alt + B:显示/隐藏工具条。

Alt + E:隐藏实体。

Alt + F:选择菜单字体。

Alt + G:选择网格参数。

Alt + H:在线帮助。

Alt + J:工作设定。

Alt ＋ L：设置实体属性。

Alt ＋ O：操作管理。

Alt ＋ P：显示/隐藏提示区。

Alt ＋ S：着色开/关。

Alt ＋ T：刀具路径开/关。

Alt ＋ U：复原。

Alt ＋ V：版本和序号。

Alt ＋ W：视窗配置。

Alt ＋ X：设定属性。

Alt ＋ Z：层别管理。

Alt ＋ F1：适度化。

Alt ＋ F2：缩小到 0.8 倍。

Alt ＋ F4：退出 MasterCAM。

Alt ＋ F8：系统配置。

Alt ＋ F9：显示坐标轴。

Alt ＋ F10：屏幕最大最小化。

Alt ＋ arrow keys：视图旋转。

Page up：放大 5%。

Page down：缩小 5%。

Arrow keys：平移。

项目 2

绘制二维图形

◀ 项目摘要

二维图形的绘制是图形绘制的基础,在 MasterCAM 中,通过 CAD 模块定义需要加工工件的形状,通过 CAM 模块编制刀具路径。

通过本项目的学习,掌握绘制二维图形的各种方法,包括点、直线、圆弧、倒圆角、曲线、矩形、倒角、文字、椭圆、多边形的构建等。并能根据实际情况使用适当的方法快速绘制二维图形。本项目可以和项目 3 结合起来学习。

◀ 任务1　点的构建 ▶

点的构建常用于定义图素的位置,如直线的端点、圆弧的圆心点等。点的构建步骤为:在主菜单中选择"绘图→点",弹出如图2-1所示的"绘点模式"菜单,选择其中某项来构建所需要的点。

用户可以使用如图2-2所示的"抓点方式"菜单来绘制在指定位置上的点。

图2-1　"绘点模式"菜单 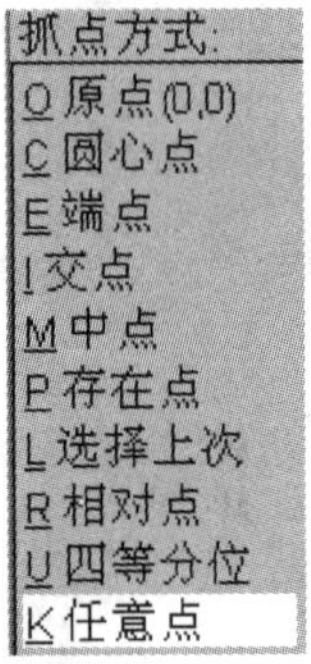　　　　图2-2　"抓点方式"菜单

当有些命令提示输入点的坐标时,可用鼠标选择抓点方式(用鼠标左键在屏幕上单击);也可通过键盘直接输入点的坐标值,这时必须先输入 X 坐标,后加逗号,再输入 Y 坐标值,如(42.3,34.6);也可以输入"X"加 X 坐标,输入"Y"加 Y 坐标,在其中不需要加逗号,如 X12Y24。

注意:

(1) 按 F9 键,让坐标轴显示在绘图区,让绘图时有坐标的大致参考。

(2) 当用鼠标左键单击某一命令时,提示区会出现相应命令的操作提示,或输入相关参数,或作选择(左键单击)。有多个参数和选择时,注意顺序。

◀ 任务2　直线的构建 ▶

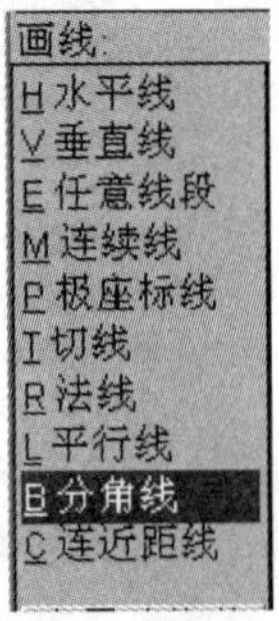

在主菜单中选择"绘图→直线",在弹出如图2-3所示的"画线"菜单中选择相应的选项,则可绘制出所需要的直线段。

一、水平线

在主菜单中选择"绘图→直线→水平线",在提示区出现"画水平线:请指定第一个端点",分别用鼠标选择两点作为第一个端点和第二个端点(鼠标左键单击选择第一点后松手拖动,鼠标左键再单击第二点),输入 Y 轴坐标(从键盘输入0),按 Enter 键。

图2-3　"画线"菜单　　此时构建了一条 Y 坐标值为0的水平直线。

二、垂直线

垂直线的构建方法与水平线的构建类似。

三、任意线段

选择任意线段时,用户只需输入两个点,即可构建一条通过两个点的直线(用鼠标左键单击确定第一点后,拖动鼠标再单击第二点)。当构图平面设置为空间绘图时,任意线段功能可构建出一条空间的三维直线。

四、连续线

连续线是通过多点而产生的连续折线。当选择一种绘点的模式输入第一点后,接着定义第二点、第三点,系统连接相邻两点构建直线段,直到按 Esc 键退出。

此功能也可以用来绘制空间的三维连续线。

五、极坐标线

极坐标线是通过极坐标的方式构建的直线,其构建步骤为:在主菜单中选择"C 绘图→直线→极坐标线",在提示区出现"极座标画线:请指定起始位置",从键盘输入坐标值(或左键单击)作为极坐标线的起始位置,此时提示区出现"请输入角度",输入角度为 45,此时提示区出现"请输入线长",输入线长为 25。按快捷键 Alt＋F1、Alt＋F2 进行缩放,结果如图2-4 所示。

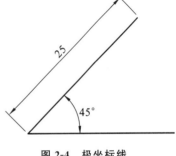

图 2-4 极坐标线

六、切线

该功能可以画出与一弧或多弧相切的切线。在主菜单中选择"C 绘图→直线→切线",弹出切线菜单。可以采用如下三种方式来构建切线。

1. 角度方式

在主菜单中选择"绘图→直线→切线→角度",在 $P1$ 点处选择如图 2-5(a)所示圆弧,按提示输入角度为 45,输入线长为 25,选择如图 2-5(b)所示的 $P2$ 点,以此端为需要保留的线段,结果如图 2-5(c)所示。

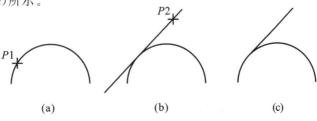

(a)   (b)   (c)

图 2-5 用角度方式绘制圆弧切线

2. 两弧方式

在主菜单中选择"绘图→直线→切线→两弧",选择如图 2-6 所示的 P1、P2 点,得到切线 L1,选择 P3、P4 点,得到切线 L2,选择 P1、P4 点,得到切线 L3,选择 P2、P3 点,得到切线 L4。

3. 圆外点方式

在主菜单中选择"绘图→直线→切线→圆外点",选择图所示 P1 点,作为切线与圆弧的切点,选择 P2 点作为切线经过的圆外一点,输入线长为 100,此时得到经过圆外 P2 点与圆弧相切且线长为 100 的切线,结果如图 2-7 所示。

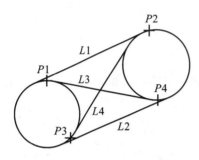

图 2-6　两弧方式绘制切线

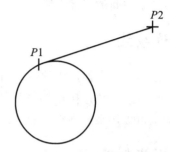

图 2-7　圆外点方式绘制切线

七、法线

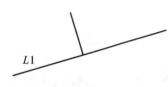

图 2-8　经过一点方式绘制法线

法线用于产生一条与直线、曲线相垂直的直线。在主菜单中选择"C 绘图→直线→法线",弹出法线菜单。可以采用如下两种方式来构建法线。

1. 经过一点方式

在主菜单中选择"绘图→直线→法线→经过一点",选择如图 2-8 所示的直线 L1,选择 P1 点,输入线长为 20,此时构建出与直线 L1 垂直且延长线经过 P1 的法线。

2. 与圆相切方式

在主菜单中选择"绘图→直线→法线→与圆相切",选择如图 2-9(a)所示的直线 L1,选择要与法线相切的圆弧 C1,法线的长度为默认值,选择直线 L2 为保留的直线。结果如图 2-9(b)所示。

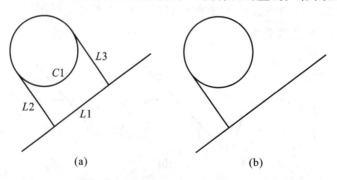

(a) 　　　　　　　　　　　(b)

图 2-9　与圆相切方式绘制法线

八、平行线

平行线可以构建与已有直线平行的直线，可以通过在主菜单中选择"绘图→直线→平行线"，在弹出如图 2-10 所示的"平行线"菜单中选择其中一种构建方法来进行绘制。

选择"方向/距离"，选择图 2-11 中的 L1（鼠标左键单击 L1），提示区出现"请指定偏置方向"，向上移动鼠标单击，输入距离为 25，按 Enter 键，即得到与 L1 距离为 25 的平行线 L2。

选择"经过一点"，先后选择 L1 和 P1，即得到与 L1 平行的直线 L3。

选择"与圆相切"，先后选择 L1 和 C1，即得到与 L1 平线的直线 L4。

图 2-10 "平行线"菜单

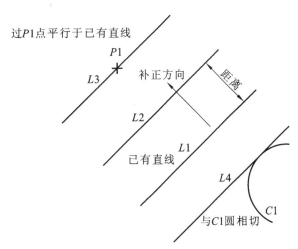

图 2-11 平行线绘制示例

九、分角线

分角线用于构建两条直线的角度平分线。

十、连近距线

连近距线用来构建直线、圆弧或曲线与点、直线、圆弧或曲线之间的最近距离的连线。其操作步骤为：在主菜单中选择"绘图→直线→连近距线"，分别选择两段圆弧，则此两段圆弧的最近距离连线构建出来的直线即为连近距线，如图 2-12 所示。

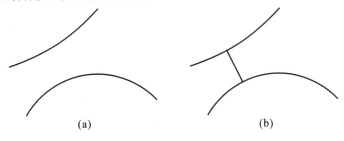

(a)　　　　　　　　　　　　　　　(b)

图 2-12 连近距线绘制示例

◀ 任务 3　圆弧的构建 ▶

在主菜单中选择"绘图→圆弧",在弹出的如图 2-13 所示的 9 种绘制圆弧的菜单中选择相应的选项,则可绘制出所需要的圆弧。

一、极坐标

用极坐标方式构建圆弧有如下四种方法。

1. 圆心点方式

在主菜单中选择"绘图→圆弧→极坐标→圆心点",从键盘输入坐标值(0,0)作为圆心点,输入半径为 2.5,输入起始角度为 0,输入终止角度为 270,此时构建出的圆弧如图 2-14 所示,如果起始角度和终止角度输入相同数值则可构建出一个圆。

此方式中圆心点的输入可以直接用鼠标左键单击选择,也可以用键盘输入坐标值。

2. 任意角度方式

在主菜单中选择"绘图→圆弧→极坐标→任意角度",选择 P1 点作为圆心点,输入半径为 25,提示任意定出起始角度时选择 P3 点,提示任意定出终止角度时选择 P2 点,此时构建出来的圆弧如图 2-15 所示。圆弧的圆心点位于 P1 点,P2 点和 P1 点连线的角度为圆弧的起始角度,P3 点和 P1 点连线的角度为圆弧的终止角度。

图 2-13　"绘制圆弧"　　　图 2-14　圆心点方式构建　　　图 2-15　任意角度方式构建
　　　　　菜单　　　　　　　　　　　极坐标圆弧　　　　　　　　　　极坐标圆弧

3. 起始点方式

在主菜单中选择"绘图→圆弧→极坐标→起始点",选择 P1 点作为起始点,输入半径为 25,输入起始角度为 0,输入终止角度为 90,此时构建出来的圆弧如图 2-16 所示。

4. 终止点方式

在主菜单中选择"绘图→圆弧→极坐标→终止点",选择 P1 点作为终止点,输入半径为 25,输入起始角度为 90,输入终止角度为 180,此时构建出来的圆弧如图 2-17 所示。

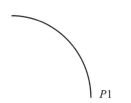

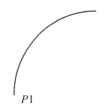

图 2-16　起始点方式构建极坐标圆弧　　　　图 2-17　终止点方式构建极坐标圆弧

二、两点画弧

两点画弧是指通过指定两点及半径来确定一段圆弧。按提示内容操作,下同。

三、三点画弧

三点画弧是以不在同一条直线上的三个点来确定一段圆弧。

四、切弧

切弧是指构建与已存在的直线或圆弧相切的圆弧。

五、两点画圆

两点画圆是指通过指定的两个点,以其连线的长度为直径值、连线的中点为圆心来绘制所需要的圆。

六、三点画圆

三点画圆是指通过指定的三个点来绘制所需要的圆。

七、点半径圆

点半径圆是指输入半径值,输入圆心点来绘制圆。

八、点直径圆

点直径圆是指输入直径,输入圆心点来绘制圆。

九、点边界圆

点边界圆是指指定圆心点,指定圆所经过的点来确定圆,如图 2-18 所示。圆心点和边界的确定可以用鼠标指针选择,也可以直接从键盘上输入坐标值来确定。

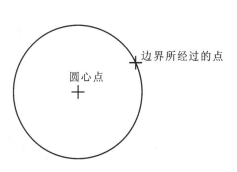

图 2-18　点边界圆方式绘圆

◀ 任务 4　倒　圆　角 ▶

倒圆角构建步骤为:在主菜单中选择"绘图→倒圆角→圆角半径",输入圆角半径为 20,分别设置圆角角度为 S(小于 180°圆弧)、修整方式为 Y(修整),如图 2-19(a)所示。分别选择直线 $L1$、直线 $L2$,构建出来的倒圆角如图 2-19(b)所示。

在上面步骤中,如果分别设置圆角角度为 L(大于 180°圆弧)及 F(全圆),则构建出来的倒圆角分别如图 2-19(c)、(d)所示。如果设置修整方式为 N(不修整),则构建出来的倒圆角如图 2-19(e)所示。

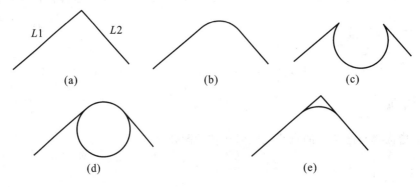

图 2-19　倒圆角示例

如果在倒圆角菜单中选择"串连图素",则可对图 2-20(a)中所示的图素一次进行倒圆角,结果如图 2-20(b)所示。

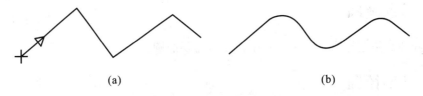

图 2-20　串连图素倒圆角示例

◀ 任务 5　曲线的构建 ▶

在主菜单中选择"绘图→曲线",弹出如图 2-21 所示的菜单,用户可以选择相应的选项来绘制出所需要的曲线。

一、手动选取方式构建曲线

在主菜单中选择"绘图→曲线→手动输入",用鼠标指针分别选择 $P1$、$P2$、$P3$、$P4$ 点,选完后按 Esc 键退出,此时构建出来的曲线如图 2-22 所示。

图 2-21　"绘制曲线"菜单

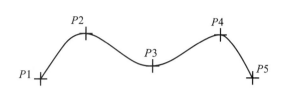

图 2-22　手动选取方式构建曲线

二、自动选取方式构建曲线

事先构建好一系列点(注意:点不要太分散),在主菜单中选择"绘图→曲线→自动选取",选择 P1 点为第一点,选择 P2 点为第二点,选择 P3 点为最后一点,如图 2-23(a)所示,此时构建出如图 2-23(b)所示的曲线。

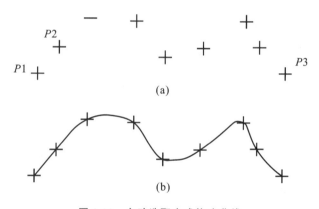

(a)

(b)

图 2-23　自动选取方式构建曲线

◀▎ 任务6　矩形的构建 ▎▶

在主菜单中选择"绘图→矩形",弹出如图 2-24 所示的"矩形之型式"菜单,选择其中某项便可绘制出矩形,构建方法如表 2-1 所示。

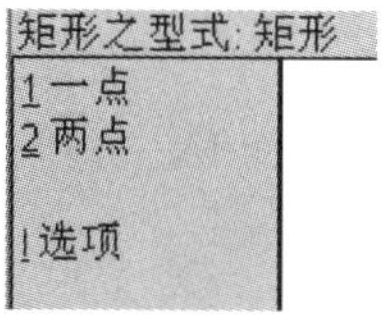

图 2-24　"矩形之型式"菜单

表 2-1　矩形菜单选项说明

1 一点	通过矩形的宽度、高度及点的位置来确定矩形
2 两点	通过两个对角点的位置来确定矩形
I 选项	设置矩形的选项

在绘制矩形之前需事先设置矩形的选项,在主菜单中选择"绘图→矩形→选项",如图 2-25 所示设置好矩形之选项:角落倒圆角设置为开,倒圆角半径设置为2,单击"确定"按钮。如图 2-26 所示,在一点方式绘制矩形对话框中设置矩形的宽度、高度,设置点的位置为中央点,单击"确定"按钮。从键盘上输入(0,0)点作为左下角点,多次按 Esc 键退出,此时构建出来的矩形如图 2-27 所示。

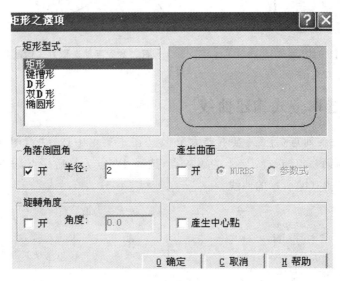

图 2-25　"矩形之选项"对话框

图 2-26　"绘制矩形:一点"对话框

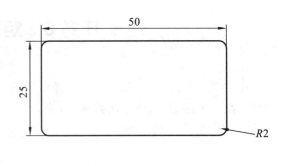

图 2-27　绘制出来的矩形

◀ 任务 7　倒角的构建 ▶

在主菜单中选择"绘图→下一页→倒角",选择方式"两边距离",输入第一段距离为 6,输入第二段距离为 10,倒角前的矩形如图 2-28 所示。选择直线 $L1$、$L2$,再选择直线 $L3$、$L4$,构建出来的倒角如图 2-29 所示。

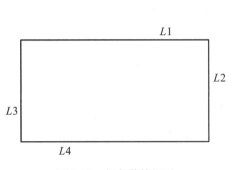

图 2-28　倒角前的矩形

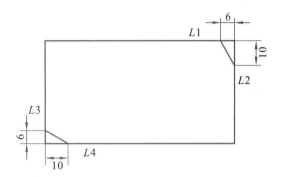

图 2-29　倒角后的矩形

◀ 任务 8　文字的构建 ▶

过原点绘制直径为 120 和 160 的两个圆,如图 2-30 所示。

在主菜单中选择"绘图→下一页→文字",系统弹出如图 2-31 所示的"创建文字"对话框,字体选择立方体,输入文字"MASTERCAM",输入高度为 10,圆弧半径为 65,单击"OK"按钮,如图 2-31 所示。

在主菜单中选择"绘图→下一页→文字",系统弹出如图 2-32 所示的"创建文字"对话框,字体选择立方体,输入文字"CAD CAM",输入高度为 10,圆弧半径为 65,单击"OK"按钮,如图 2-32 所示。

在主菜单中选择"绘图→下一页→文字",系统弹出如

图 2-30　文字构建

图 2-33 所示的"创建文字"对话框,字体选择立方体,输入文字"加工中心",输入高度为 20,单击"字形"按钮,弹出"字体"对话框,如图 2-34 所示,选择黑体,其他为默认值,单击"OK"按钮,结果如图 2-30 所示。

注意:参数中文字圆弧半径指文字下部的半径,不是文字中间的半径。

图 2-31 "创建文字"对话框一

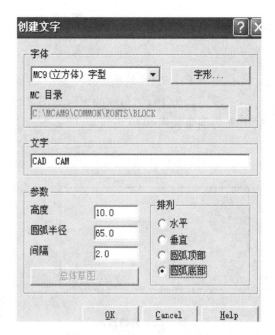

图 2-32 "创建文字"对话框二

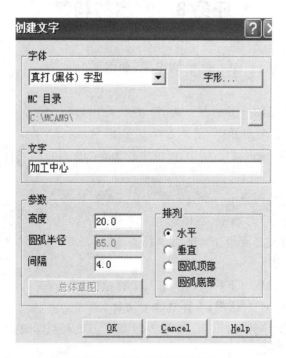

图 2-33 "创建文字"对话框三

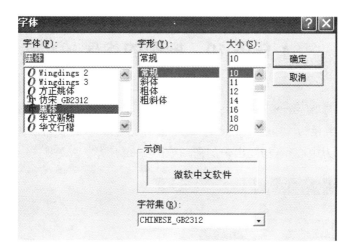

图 2-34 "字体"对话框

◀ 任务 9 呼叫副图 ▶

MasterCAM 可以使用呼叫副图的功能,合并已有的图形到当前的图形中,并且可以进行图形比例的缩放、角度的旋转以及是否以 X、Y、Z 轴进行镜射。

在主菜单中选择"绘图→下一页→呼叫副图",弹出如图 2-35 所示的呼叫副图对话框,输入名称,输入比例值为 2、旋转角度为 45,单击"OK"按钮,在图 2-36 所示的原图中选择一点作为副图的合并基点,此时副图合并后的图形如图 2-37 所示。

图 2-35 呼叫副图对话框

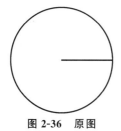

图 2-36 原图

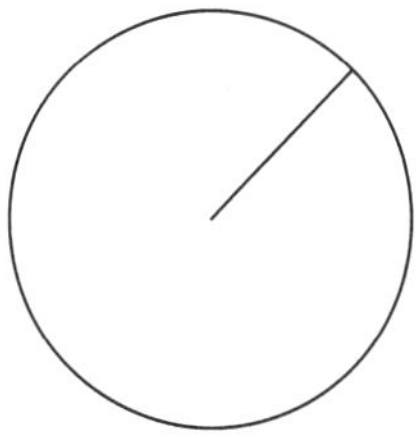

图 2-37 呼叫副图

◀ 任务 10 椭圆的构建 ▶

在主菜单中选择"绘图→下一页→椭圆",在图 2-38 所示的"建立椭圆"对话框中设置 X 轴半径为 50,Y 轴半径为 25,起始角度为 0,终止角度为 360,旋转角度为 0,单击"确定"按钮,选择(0,0)点作为中心点,构建出来的椭圆如图 2-39 所示。

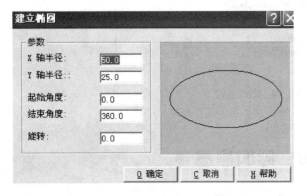

图 2-38 "建立椭圆"对话框

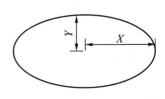

图 2-39 绘制出的椭圆

◀ 任务 11 多边形的构建 ▶

在主菜单中选择"绘图→下一页→多边形",在图 2-40 所示的"建立多边形"对话框中设置好相关参数,确定中心点位置后便可以构建出多边形,如图 2-41 所示。

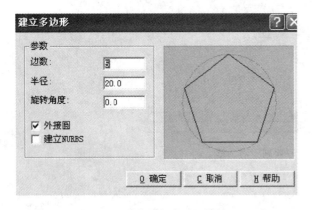

图 2-40 "建立多边形"对话框

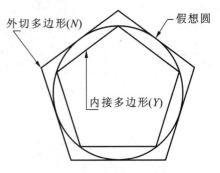

图 2-41 绘制出的多边形

◀ 任务 12　边界盒的构建 ▶

边界盒功能是用于确定已构建的三维模型的边界线或点。在主菜单中选择"绘图→下一页→边界盒→所有的→图素→执行",弹出如图 2-42 所示的"边界盒"对话框,设置 X 方向扩张值为 5.0,Y 方向扩张值为 5.0,Z 方向扩张值为 5.0,构建出来的边界盒在原图的三个方向上单边扩张 5 mm 后构成一个立方体。

图 2-42　"边界盒"对话框

项目 3
几何图形的编辑

◀ **项目摘要**

　　通过本项目的学习,掌握修整、转换、删除等几种几何图形编辑命令的使用方法,并能根据实际情况在绘图中交替使用绘图命令与编辑命令,加快图形的绘制速度,提高绘图效率。本项目可以和项目 2 结合起来学习。

　　如果仅仅熟悉基本的绘图命令,仍可能无法绘制出复杂的图形,甚至还要使用计算器来算出正确的坐标。因此本项目的主要目的就是将基本图形的绘制方法加以扩展应用,以绘制多变的几何图形。

　　MasterCAM 提供了三种主要的图形编辑功能,即修整、转换与删除。

◀ 任务 1　修　　整 ▶

修整功能用于修整已绘出的图形。按快捷键 F7 或选择"回主功能表→修整",弹出如图 3-1 所示的"修整"菜单,选择相应的选项即可进行图素的修整。

```
修整:
F 倒圆角
T 修剪延伸
B 打断
J 连接
N 曲面法向
C 控制点
X 转成NURBS
E 延伸
D 动态移位
A 曲线变弧
```

图 3-1　"修整"菜单

一、倒圆角

选择"回主功能表→修整→倒圆角",分别单击需要倒圆角的图素,或使用串连的方式也可以连续倒相同的圆角。其功能与选择"绘图→倒圆角"的相同。

二、修剪延伸

选择"回主功能表→修整→修剪延伸",可以将图形修剪延伸到一定的位置,系统提供了 8 种方式,如图 3-2 所示。其 8 种方式如表 3-1 所示。

```
修剪　延伸
1 单一物体
2 两个物体
3 三个物体
T 到某一点
M 多物修整
C 回复全圆
D 分割物体

U 修整曲面
```

图 3-2　"修剪延伸"菜单

表 3-1　修整延伸菜单选项说明

1 单一物体	选择需修剪与保留的图素,再选择剪切的边界图素
2 两个物体	同时剪切两个图素到图素接合处
3 三个物体	同时修整 3 个图素到交点处
T 到某一点	修整或延伸图素到某一定点
M 多物修整	以所选的边界来同时修整多个图素
C 回复全圆	可以将弧转换为全圆(360°)
D 分割物体	将一图素在两线或两弧线之间的部分删除
U 修整曲面	修整曲面

选择"回主功能表→修整→修剪延伸→单一物体",先选择要被修整的图素 $P1$(保留段),再选择图素的边界 $P2$ 作为修剪的对象,如图 3-3 所示。

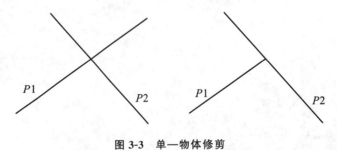

图 3-3　单一物体修剪

选择"回主功能表→修整→修剪延伸→两个物体",分别单击两个要被修剪的图素 $P1$ 和 $P2$(保留段),则图素会接合在其交点位置,如图 3-4 所示。

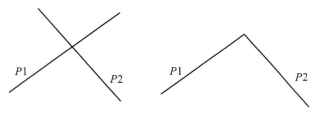

图 3-4　两个物体修剪

选择"回主功能表→修整→修剪延伸→三个物体",选择要被修剪的图素,先单击 $P1$、$P2$,再单击 $P3$,如图 3-5 所示。

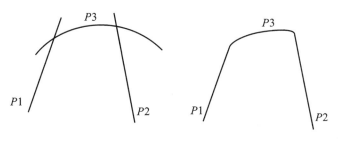

图 3-5　三个物体修剪

选择"回主功能表→修整→修剪延伸→到某一点",先单击要被修剪的图素 $P1$,再单击 $P2$,如图 3-6 所示。

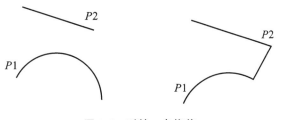

图 3-6　到某一点修剪

选择"回主功能表→修整→修剪延伸→多物修整",先单击要被修剪的图素 $P1$、$P3$、$P2$,再单击 $P4$,如图 3-7 所示。

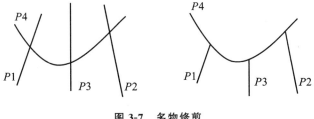

图 3-7　多物修剪

选择"回主功能表→修整→修剪延伸→回复全圆",单击 $P1$,如图 3-8 所示。

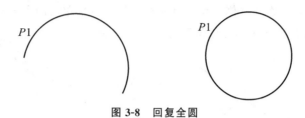

图 3-8　回复全圆

选择"回主功能表→修整→修剪延伸→分割物体",先单击 $P1$,再单击 $P2$、$P3$,如图 3-9 所示。

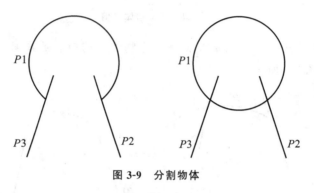

图 3-9　分割物体

三、打断

选择"回主功能表→修整→打断",选择该命令,所打开的子菜单如图 3-10 所示,其意义如表 3-2 所示。

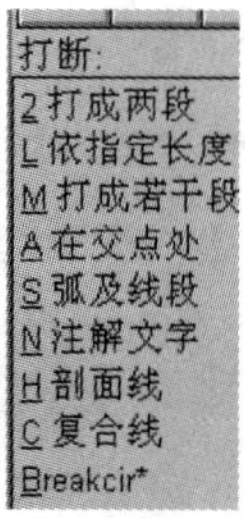

表 3-2　打断菜单选项说明

2 打成两段	可以将所选的图素于特定点打断成两段
L 依指定长度	可以在指定的长度打断图素
M 打成若干段	将图素打断成若干段
A 在交点处	将图素打断为弧或线段(选完线或弧后,点执行)
S 弧及线段	可将曲线打断成弧线
N 注解文字	可将注解文字打断为一般图素
H 剖面线	将剖面线打断为一段图素
C 复合线	将复合线打断为一般图素

打断:
2 打成两段
L 依指定长度
M 打成若干段
A 在交点处
S 弧及线段
N 注解文字
H 剖面线
C 复合线
Breakcir"

图 3-10　打断菜单

四、连接

选择"回主功能表→修整→连接",此操作将原来打断的直线、圆弧或曲线重新连接成一个图素。使用连接时,所需要连接的直线要求为共线,所需要连接的圆弧要求为同圆心的圆弧。

五、曲面法向

选择"回主功能表→修整→曲面法向",用于更改曲面法线矢量。

六、控制点

选择"回主功能表→修整→控制点",通过控制点的操作对 NURBS 曲线和曲面进行修改。

七、转成 NURBS

选择"回主功能表→修整→转成 NURBS",将非 NURBS 曲线和曲面转换成对应的 NURBS 曲线和曲面。

八、延伸

选择"回主功能表→修整→延伸",设置指定长度,将所选择的直线、圆弧、曲线沿着其端点的切线方向按指定距离进行延伸。

九、动态移位

选择"回主功能表→修整→动态移位",动态移位功能是将所选择的图素进行动态平移、旋转。

十、曲线变弧

选择"回主功能表→修整→曲线变弧",曲线变弧功能可以将趋近圆形的曲线转变成圆弧。

◀ 任务 2 转 换 ▶

除了图形修整功能之外,对图形进行镜射、偏移、等比例或不等比例缩放或旋转等操作,都需要靠"转换"命令来完成。使用时可以选择"回主功能表→转换",打开其子菜单,如图 3-11 所示。该子菜单及各项的意义如表 3-3 所示。

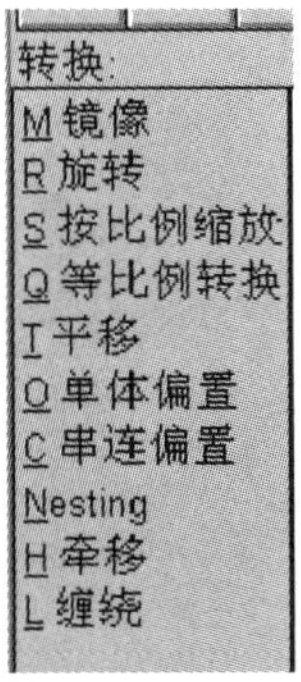

表 3-3 转换子菜单选项说明

M 镜射	将图素对任一线段或 X 轴、Y 轴镜射
R 旋转	可将图素对原点或任意一点旋转特定角度
S 按比例缩放	可将图素对原点或任意一点按比例缩放
Q 等比例转换	可将图素对原点或任意一点等比例转换
T 平移	可以将指定图素移动(或复制)到所指定距离处
O 单体补正	可以对单一图素按照设置值偏移
C 串连补正	可以对串连图素按照设置值偏移
H 牵移	可以将图素牵移到特定位置
L 缠绕	可以将图形卷成圆筒状

图 3-11 转换子菜单

（转换子菜单图示）
转换:
M 镜像
R 旋转
S 按比例缩放
Q 等比例转换
T 平移
O 单体偏置
C 串连偏置
Nesting
H 牵移
L 缠绕

此外,当使用转换命令中的镜射、旋转、按比例缩放、等比例转换、单体补正命令时,所弹出的子菜单及其中各项的用途如图 3-12、表 3-4 所示。

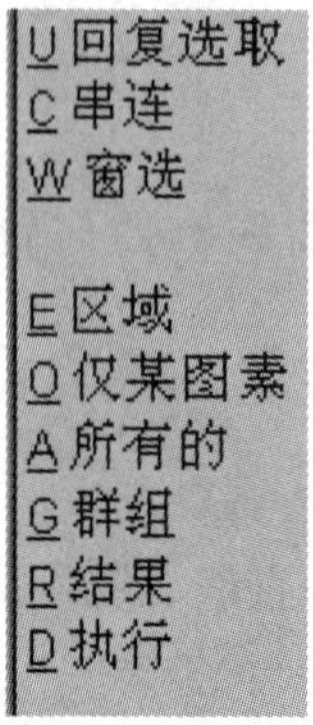

表 3-4　转换子菜单选择图素选项说明

U 回复选取	取消目前所选择的图素
C 串连	选择串连的图素
W 窗选	选择框选范围中的图素
E 区域	提供模式与选项两种方式
O 仅某图案	选择特定种类图素
A 所有的	选择所有特定种类图素
G 群组	将要进行转换的图素设置成群组
R 结果	选择已转换后的图素（默认为粉红色）
D 执行	结束选择模式

图 3-12　转换子菜单中的选择图素菜单

另外在转换图素时,如果弹出了如图 3-13 所示的对话框,表示可以根据需要来设置是否将原图素移动、复制或与原图素进行连接及进行转换的次数、旋转角度等。

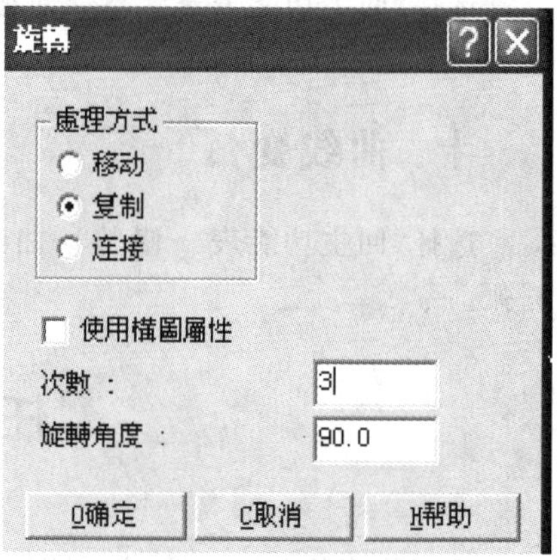

一、镜射

当图形具有互相对称的特征时,可以使用这个功能将图形对一特定轴线镜射到轴线的另侧。如图 3-14 所示,在选择 P1 后,再决定对任意轴线镜射,选择轴线 P2,即可完成动作。

图 3-13　"旋转"对话框

二、旋转

当图素需要对某一点旋转或为使其具有环状数组分布的特征时,可以使用该命令,将图素旋转移动或复制,如图 3-15 所示。

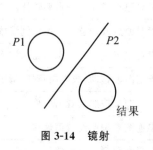

图 3-14　镜射

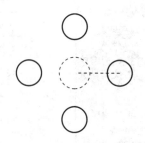

图 3-15　旋转

三、按等比例缩放

等比例缩放是使 X、Y 与 Z 方向按相同的比例值缩放,而不等比例缩放就允许用户针对 X、Y 或 Z 方向单独设置比例值,这些比例值可以相等或不相等。如图 3-16 所示,将一个 5×5×5 的立方体(图 3-16(a))变为 10×2.5×5 的长方体,将 X 比例值设置为 2.0,Y 比例值设置为 0.5,Z 比例值设置为 1.0,采用这个方法即可得到如图 3-16(b)所示结果。

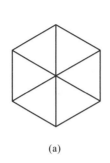 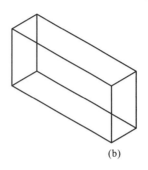

（a） （b）

图 3-16 不等比例缩放

四、等比例转换

当图形需要放大或缩小某一比例时,就可以使用这项功能。当所输入的比例值大于 1 时,表示将会针对基准点进行放大。如果等于 1,表示大小并不改变。当比例值小于 1 时,表示将会针对基准点进行缩小。例如,单击一圆 P1,选择其圆心点(P2)为其基准点后,输入放大比值为 2,则图形将按比例放大,如图 3-17 所示。

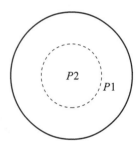

图 3-17 等比例缩放

五、平移

选择该命令可以将图素移动或复制到适当的位置。如图 3-18 所示是将一矩形平移一定高度后与原图素相连接而形成的一个长方体。

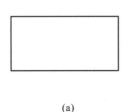 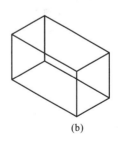

（a） （b）

图 3-18 平移

六、单体补正

所谓补正是指与原图素外形垂直偏移一定的距离值,而使用单体补正时一次只能选择一个图素进行偏移转换,而且图素外形仅限于圆弧及线段。使用时选择要偏移的图素 P1 并输入偏移距离后,再选择偏移方向(P2)就可以按照偏移距离及方向进行偏移。结果如图3-19所示。

七、串连补正

串连补正有别于单体补正的地方,就是该命令可以一次偏移相串连的线或弧,以及输入的预设置有所不同。其操作如图3-20所示。

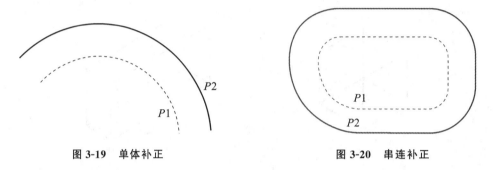

图 3-19　单体补正　　　　　　　　　图 3-20　串连补正

◄ 任务3　删　　除 ►

选择"回主功能表→删除(快捷键为 F5,框选删除快捷键为 A1t＋F5)",该命令可以将图形从 MasterCAM 系统中删除,使用时选择"回主功能表→删除",将弹出其子菜单。"删除"菜单的内容及其各项说明如图3-21及表3-5所示。

表3-5　"删除"菜单选项说明

选项	说明
C 串连	删除串连的图形
W 窗选	删除框选范围内的图形
E 区域	可以设置为模式或选项
O 仅某图素	只删除某一指定类型的图素
A 所有的	删除指定类型的所有图素
G 群组	删除已设置的当前群组图素
R 结果	删除图形转换后的结果
D 重覆图素	删除重叠在一起的图素
U 回复删除	回复删除动作
N 视窗内	删除框选窗口以内的图素
T 范围内	删除框选范围以内的图素
I 相交物	删除所框选到的图素(被框选窗口接触到的图素将被删除)
U 范围外	删除框选范围以外的图素
O 视窗外	删除框选窗口以外的图素
M 限定图素 N	是否删除某特定图素
S 设定	用于设置要删除图素的种类或属性

图 3-21　"删除"菜单

"视窗内"命令的操作过程及结果如图 3-22 所示。

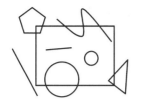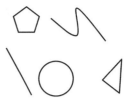

图 3-22 "视窗内"命令

"范围内"命令的操作过程及结果如图 3-23 所示。

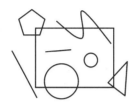

图 3-23 "范围内"命令

"相交物"命令的操作过程及结果如图 3-24 所示。

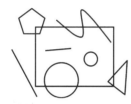

图 3-24 "相交物"命令

"范围外"命令的操作过程及结果如图 3-25 所示。

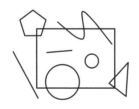

图 3-25 "范围外"命令

"视窗外"命令的操作过程及结果如图 3-26 所示。

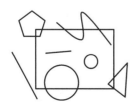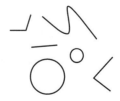

图 3-26 "视窗外"命令

◀ 任务4 二维绘图实例 ▶

一、实例一——二维拨叉图

拨叉的图样如图 3-27 所示。

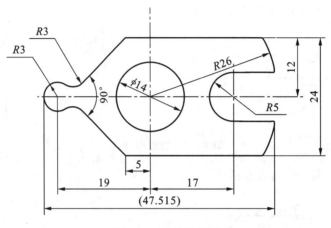

图 3-27 二维拨叉图

1. 设置软件环境

选择"屏幕→系统规划",在"目前的系统规划档"中选择"Mill9m. cfg(公制)",其余参数采用默认值。设置构图面为俯视图,视角为俯视图,作图层别为1,工作深度 $Z=0$。

2. 改变线宽

选择"副菜单→图素属性",选择线宽为第二条粗细的线,如图 3-28 所示。单击"确定"按钮。

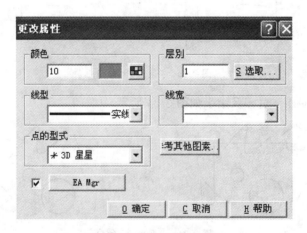

图 3-28 "更改属性"对话框

3. 画出四个圆弧

按 F9 显示坐标轴。选择"绘图→圆弧→极坐标→圆心点";选择原点(0,0),输入半径为 26,起始角度为 0,终止角度为 90;再选择原点(0,0),输入半径为 7,起始角度为 0,终止角度为 180;再输入圆心点坐标值为(17,0),半径为 5,起始角度为 90,终止角度为 180;输入圆心点坐标值为(−19,0),半径为 3,起始角度为 0,终止角度为 180,结果画出四个圆弧,结果如图 3-29 所示。

如果屏幕上看不见图形或显示大小不合适,可以单击屏幕上方的"适度化"和"缩小 0.8 倍"快捷图标,使图形合适地显示在屏幕上。

4. 画出三条直线

选择"绘图→直线→水平线";选择位置 1、2(鼠标左键单击箭头 1 处,移动鼠标,再单击箭头 2 处),输入 Y 轴坐标为 12;再选择位置 3、4,输入 Y 轴坐标为 5;选择"上层功能表→极坐标线",输入起始坐标值为(−5,12),角度为 225,线长为 20,如图 3-30 所示。

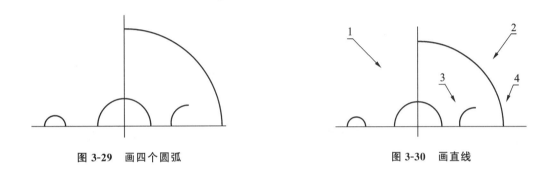

图 3-29　画四个圆弧　　　　　　　　　　图 3-30　画直线

5. 生成倒圆角和修剪

选择"绘图→倒圆角",在副菜单中选择圆角角度 S,修剪方式 Y,圆角半径为 3,选择图 3-31 中的直线 1 和圆弧 2,生成圆角。

选择"回主功能表→修剪→修剪延伸→单一物体",依次选择图 3-31 中的图素 3、图素 4 和图素 5。选择"上层功能表→三个物体",依次选择图素 3、4 和 6,结果如图 3-32 所示。

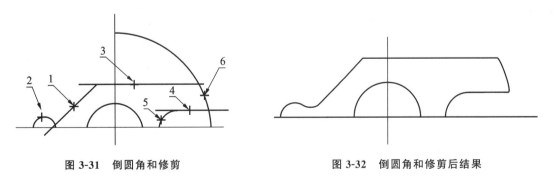

图 3-31　倒圆角和修剪　　　　　　　　　图 3-32　倒圆角和修剪后结果

6. 对图素作镜射

选择"回主功能表→转换→镜射→所有的→图素→执行",选择 X 轴为对称轴,在弹出的"镜射"对话框中,选择"复制"并确定,如图 3-33 所示。

选择屏幕上方的"清除颜色"图标,图形颜色全部恢复为系统当前颜色,按快捷键 F9 关闭坐标轴显示,结果如图 3-34 所示。

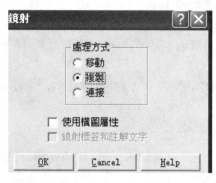

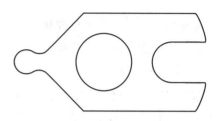

图 3-33 "镜射"对话框   图 3-34 镜射后结果

7. 尺寸标注

选择"副菜单→图素属性",选择线宽为第一条粗细的线,单击"确定"按钮。选择"绘图→尺寸→标注→整体设定",弹出尺寸标注整体设定对话框。在"尺寸的属性"中,设置小数位数为 0,在"尺寸文字"中设置字高为 2,选择"依字元比例",单击"确定"按钮,如图 3-35 所示。

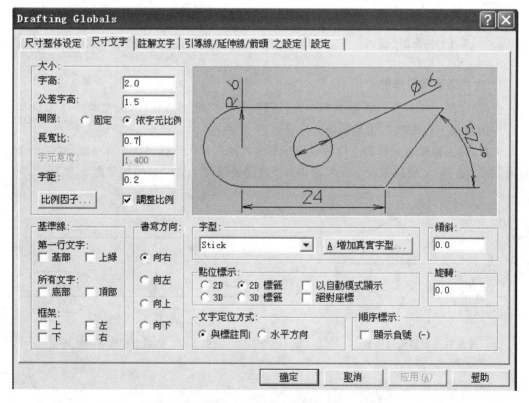

图 3-35 尺寸标注整体设定

选择"标注尺寸→水平标注",选择原点 (0,0)为第一端点,选择半径为 5 的圆弧的圆心为第二端点,将尺寸线放在适当的位置,用同样方法画出长度为 5 和 19 的水平尺寸线。选择"上层功能表→垂直标注",画出长度为 24 和 12 的垂直尺寸线。选择"上层功能表→圆弧标注",画出圆弧尺寸线 $R3$、$R5$ 和 $R26$。

选择"回主功能表→修整→连接",选择两个半径为 7 的半圆,结果两个半圆连接成一个全圆。再选择"标注尺寸→圆弧标注",画出尺寸线 $\phi14$。选择"整体设定→尺寸属性",设置小数位数为 3,单击"确定"按钮。选择"标注尺寸→水平标注",选择图形最外两个端点,生成尺寸线为 47.515。

选择"上层功能表",选择编辑文字为 Y,选择尺寸线 47.515,改为(47.515),如图 3-36 所示,单击"OK"按钮。

图 3-36 编辑尺寸文字

8. 改变线型,画出两条中心线

选择"副菜单→图素属性",选择线型为中心线,单击"确定"按钮,如图 3-37 所示。

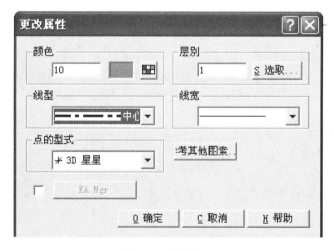

图 3-37 图素属性

选择"绘图→直线→水平线",在适当位置选择两点,输入 Y 轴坐标为 0。选择"回主功能表→垂直线",在适当位置选择两点,输入 X 轴坐标为 0,结果如图 3-38 所示。

9. 存储图形文件

选择"回主功能表→档案→存储",输入文件名:拨叉.mcg。

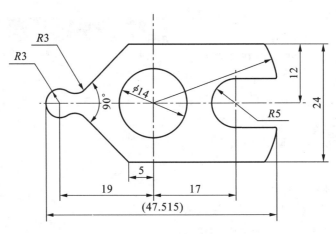

图 3-38 完成后的图形

二、实例二——二维零件弯头图

弯头零件图样如图 3-39 所示。

1. 设置软件环境

选择"屏幕→系统规则",在"目前的系统规则档"中选择"Mill9m.cfg(公制)",其余参数采用默认值。设置构图面为俯视图,视角为俯视图,作图层别为1,工作深度 Z=0。

2. 画出一个点和两条线

选择"绘图→点→指定位置→任意点",输入坐标值为(75,75)。

选择"绘图→直线→极坐标线",单击鼠标右键,选择"自动抓点"项(一般默认)。

移动鼠标指针,动态选择刚才生成的一点,输入角度为 0,按 Enter 键,输入线长为 95;再选择刚才生成的一点,输入角度为 105,按 Enter 键,输入线长为 85。单击屏幕上方的"适度化"快捷图标,使图形以最大化的形式显示在屏幕上,如图 3-40 所示。

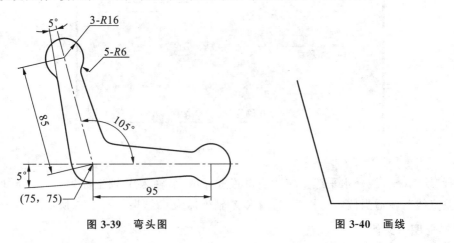

图 3-39 弯头图 　　　　　　　　　　　　　　图 3-40 画线

3. 画出三个圆弧

按快捷键 F9,关闭坐标轴。选择"绘图→圆弧→极坐标→任意角度",单击鼠标右键,选择

"自动抓点",再单击"屏幕"快捷图标回到屏幕。选择端点 1 为圆心,输入半径值为 16,选择位置 2、3;同样选择端点 4 为圆心,输入半径值为 16,按 Enter 键,选择位置 5、6;选择端点 7 为圆心,输入半径值为 16,按 Enter 键,选择位置 8、9,如图 3-41 所示。

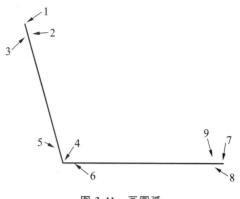

图 3-41　画圆弧

4. 旋转直线

选择"回主功能表→转换→旋转",选择直线 1,单击执行,选择端点 2 为旋转基准点,如图 3-42 所示。在弹出的"旋转"对话框中,输入旋转角度为 -5,如图 3-43 所示,单击"确定"按钮。同样,选择直线 3,选择端点 4 为旋转基准点,输入旋转角度为 5。

选择屏幕上方的"清除颜色"图标,则图形颜色全部恢复为系统当前颜色。

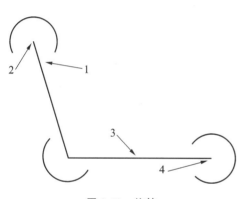

图 3-42　旋转

图 3-43　"旋转"对话框

5. 画出与圆弧相切的平行线

选择"绘图→直线→平行线→与圆相切",选择直线 1(如图 3-44 所示),选择圆弧 2,选择左边的一条线为保留线;采用同样的方法,选择直线 3,选择圆弧 4。选择下面的一条线为保留线,删除直线 1 和直线 3,结果如图 3-45 所示。

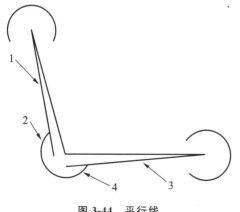

图 3-44　平行线

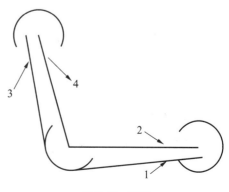

图 3-45　镜射

6. 对直线作镜射

选择"回主功能表→转换→镜射",选择直线 1(如图 3-45 所示),单击执行,选择直线 2 为对称轴,在弹出的"镜射"对话框中,选择"复制",单击"确定"按钮。同样,选择直线 3,同时 选择直线 4 为对称轴,结果生成两条对称线,如图 3-45 所示。

7. 生成倒圆角

选择"绘图→倒圆角",选择圆角角度为 S,修整方式为 Y,圆角半径为 6,分别选择图 3-46 中的图素 1 和 2、图素 3 和 4、直线 5 和 6、直线 7 和圆弧 8、直线 9 和圆弧 10,结果生成 五个倒圆角,如图 3-47 所示。

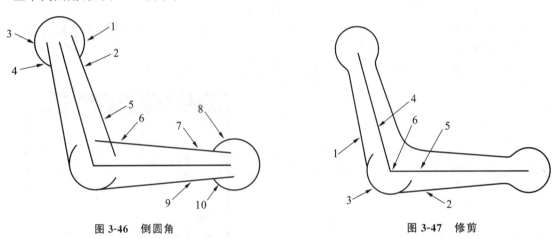

图 3-46　倒圆角　　　　　　　　　　　　　　　图 3-47　修剪

8. 修剪圆弧到直线

选择"回主功能表→修剪→修剪延伸→三个物体",依次选择图 3-47 中的直线 1、2 和圆 弧 3,删除直线 4、5 和点 6。结果如图 3-48 所示。

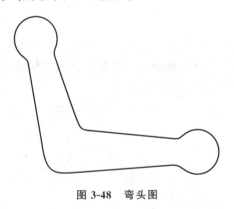

图 3-48　弯头图

9. 存储图形文件

选择"回主功能表→档案→存档",输入文件名:弯头.mcg。

项目 4
图形的标注

项目摘要

通过本项目的学习,掌握各种尺寸标注的方法和编辑尺寸标注的方法。

尺寸标注是一般绘图过程中不可缺少的步骤。MasterCAM 有较强的标注功能,不仅能标注尺寸,而且能够标注注释,进行引出标注及绘制剖面线。

◀ 任务 1　尺寸标注的参数设置 ▶

在进行图形标注时，可以采用系统的默认设置，也可以在标注前或标注过程中对其进行设置。设置图形标注有两个途径，在主菜单中选择"绘图→尺寸标注→整体设定"或在快捷标注中选择"Globals"选项，打开"Drafting Globals"对话框进行设置，如图 4-1 所示。前者的图形标注设置对此后的所有标注有效，后者的图形标注设置仅对当前标注有效。

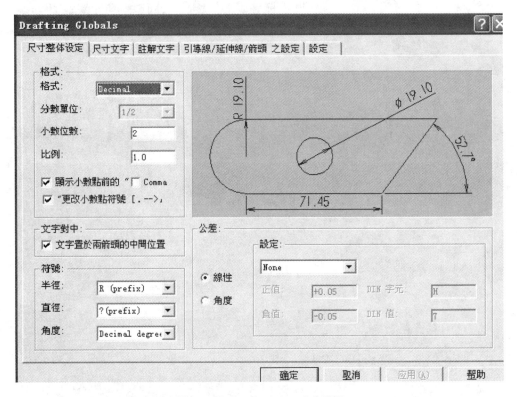

图 4-1　"Drafting Globals"对话框

一、设置尺寸标注的属性

"Drafting Globals"对话框中的"尺寸整体设定（Dimension Attributes）"选项卡用于设置尺寸标注的属性，如图 4-1 所示。

该选项卡中各选项的功能和含义如下。

（1）"格式"栏：用于设置长度尺寸文本的格式。

（2）"文字对中"栏：当选择"文字对中"复选框时，系统自动将尺寸文字放置在尺寸界线的中间，否则可以移动尺寸文字的位置。

（3）"符号"栏：用于设置半径标注（Radius）、直径标注（Diameter）及角度标注（Angular）的尺寸文字格式。

（4）"公差"栏：用于分别设置线性(Linear)及角度(Angular)标注的公差格式。

二、设置尺寸文字

"Drafting Globals"对话框的"尺寸文字(Dimension text)"选项卡用于设置尺寸文字的属性，如图 4-2 所示。

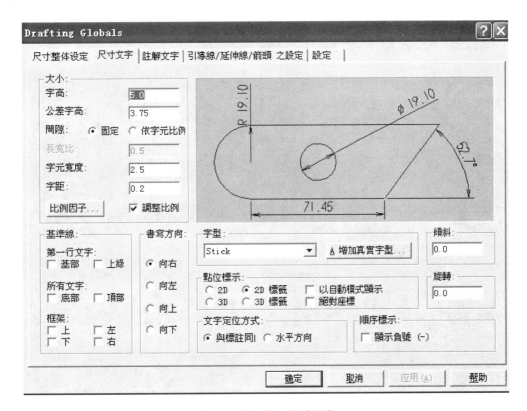

图 4-2　"尺寸文字"选项卡

该选项卡中各选项的功能和含义如下。

（1）"大小(Size)"栏：用于设置尺寸文字的大小规格。

（2）"基准线(Lines)"栏：用于设置在字符上添加基准线的方式。

（3）"书写方向(Path)"栏：用于设置不同的字符排列方向。

（4）"字型(Font)"栏：用于设置尺寸文字的字体。

（5）"点位标示(Point Dimensions)"栏：用于设置点坐标的标注格式。

（6）"以自动模式显示(Display in Smart Mode)"复选框：用于设置在快捷尺寸标注时是否进行点标注。

（7）"文字定位方式(Text Orientation)"栏：用于设置尺寸文字的位置方向。

（8）"顺序标示(Ordinate Dimensions)"栏中的"显示负号(Display Negative Sign)"复选框：用于设置顺序标注时尺寸文字前面是否带有"－"号。

（9）"倾斜(Slant)"栏：用于设置文字字符的倾斜角度。

(10)"旋转(Rotation)"栏:用于设置文字字符的旋转角度。

三、设置注解文字

"Drafting Globals"对话框中的"注解文字(Note Text)"选项卡用于设置注解文字的属性,如图 4-3 所示。

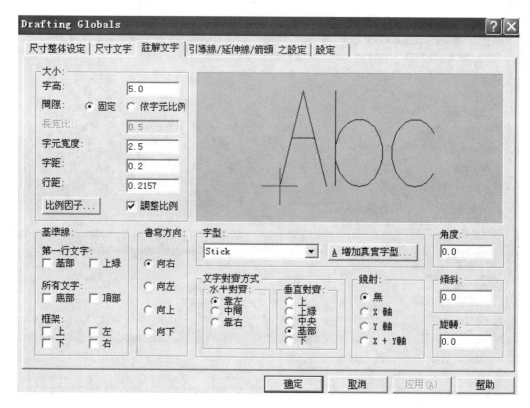

图 4-3 "注解文字"选项卡

该选项卡中的选项及含义与"尺寸文字(Dimension Text)"选项卡中的选项及含义基本相同,不同的是增加了下面几个选项。

(1)"大小(Size)"栏:增加了"行距(Extra Line Spacing)"的设置。

(2)"基准线(Alignment)"栏:用于设置注解文字相对于指定基准点的位置。

(3)"镜射(Mirror)"栏:用于设置注解文字的镜像效果。

(4)"角度(Angle)"、"倾斜(Slant)"和"旋转(Rotation)"输入框:分别用于设置整个注解文字的旋转角度、倾斜角度和文字的旋转角度。

(5)示例框中会显示出注解文字效果及其与基准点的相对位置。

四、设置引导线、延伸线和箭头

"Drafting Globals"对话框的"引导线/延伸线/箭头(Leaders/Witness/Arrows)之设定"选项卡用于设置尺寸线、尺寸界线及箭头的格式,如图 4-4 所示。

该选项卡中各选项的功能和含义如下。

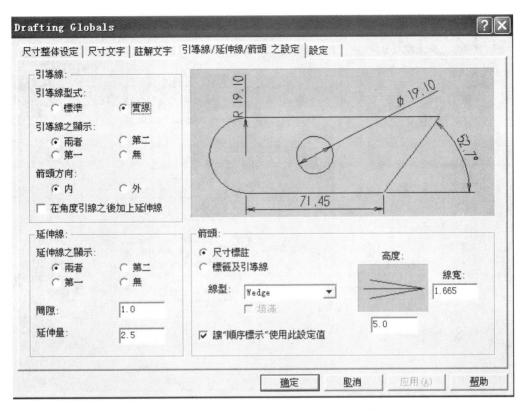

图 4-4　"引导线/延伸线/箭头之设定"选项卡

（1）"引导线"栏：用于设置尺寸标注的尺寸线及箭头的格式。

① 引导线型式（Leader Style）选项：用于设置引导线的样式。当选择"标准（Standard）"时，引导线由两条尺寸线组成；当选择"实线（Solid）"时，引导线由一条引导线组成。

② 引导线之显示（Visible Leaders）选项：用于设置引导线的显示方式。

③ 箭头方向（Arrow Direction）选项：用于设置箭头的位置。

（2）"延伸线"栏：用于设置延伸线的格式。

（3）"箭头"栏：用于分别设置尺寸标注和图形注释中的箭头样式和大小。当选择"尺寸标注（Dimension）"时，进行尺寸标注中箭头样式和大小的设置；当选择"标签及引导线（Labels and Leaders）"时，进行图形注释中箭头样式和大小的设置。

五、其他设置

"Drafting Globals"对话框的"设定（Settings）"选项卡用于设置图形标注中的其他参数，如图 4-5 所示。

该选项卡中各选项的功能和含义如下。

（1）"关联性（Associativity）"栏：用于设置图形标注的关联属性。

（2）"显示（Display）"栏：用于设置图形标注的显示方式。

（3）"基准之增量（Baseline Increments）"栏：用于设置在基准标注时标注尺寸的位置。

（4）"存/取（Save/Get）"栏：用于进行有关设置文件的操作。

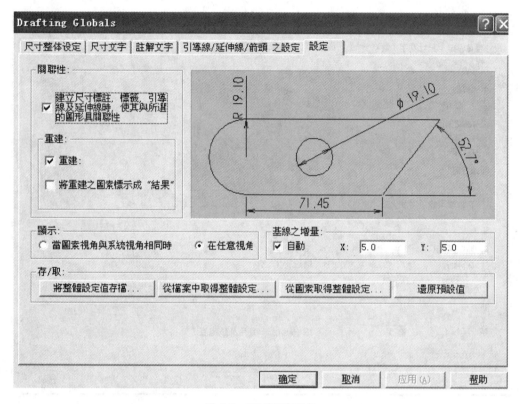

图 4-5 "设定"选项卡

（5）"将整体设定值存档(Save Globals to Disk File)"按钮：可将当前的标注设置存储为一个文件。

（6）"从档案中取得整体设定(Get Globals from Disk File)"按钮：可打开一个设置文件并将其设置作为当前的标注设置。

（7）"从图素取得整体设定(Get Globals from Entity)"按钮：可将选择的图形标注设置作为当前的标注设置。

（8）"还原预设值(Get Default Globals)"按钮：可使系统取消标注设置的所有改变，恢复系统的默认设置。

◀ 任务2 各种尺寸标注方法 ▶

在主菜单中选择"绘图→尺寸标注"，显示尺寸标注菜单，如图 4-6 所示。

一、重新建立

在标注完尺寸后，如发现标注不正确，想要修改或移动位置，或在图面上有"垃圾"要清除时，就选择该功能。

| 图 4-6　尺寸标注菜单 | 图 4-7　标注尺寸菜单 |

二、尺寸标注

尺寸标注用于标注几何图形的尺寸。在主菜单中选择"绘图→尺寸标注→标注尺寸"，弹出"标注尺寸"菜单如图 4-7 所示。

1. 水平标注

在主菜单中选择"绘图 → 尺寸标注 → 标注尺寸 → 水平标示（Create → Drafting → Dimension→Horizontal）"，选择第一点，然后选择第二点，上下移动鼠标指针，使标注到达合适位置后再单击左键，系统完成水平标注。按 Esc 键返回。

2. 垂直标注

"垂直标注"用于标注两点间的垂直距离。直线的垂直标注操作与水平标注操作基本相同。

3. 平行标注

"平行标注"用于标注两点间的距离，一般用于标注斜线的距离。其操作与水平标注的操作基本相同。

4. 基准标注

"基准标注"是以已有的线性标注（水平、垂直或平行标注）为基准对一系列点进行线性标注，标注的特点是各尺寸为并联形式。从主菜单中选择"绘图→尺寸标注→标注尺寸 → 基准标示（Create → Drafting → Dimension → Baseline）"，选择已有的尺寸标注，然后选择第二个尺寸标注端点 $P1$，系统自动完成 $A1$ 与 $P1$ 间的水平标注，依次选择点 $P2$、$P3$ 可绘制出相应的水平标注，如图 4-8 所示。按 Esc 键返回。

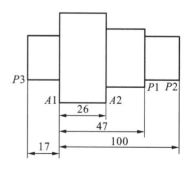

图 4-8　基准标注示例

5. 串连标注

"串连标注（Chained）"命令也是以已有的线性标注为基准对一系列点进行线性标注，标注的特点是各尺寸表现为串连形式。从主菜单中选择"绘图→尺寸标注→标注尺寸→串连标示（Create→Drafting→Dimension→Chained）"，选择已有的尺寸标注，然后选择第二个尺

寸端点 $P1$,在 $A2$ 和 $P1$ 间按水平标注的方法,移动鼠标指针至合适位置再单击左键,系统绘制出标注,选择点 $P2$ 可绘制出相应的串连水平标注,如图 4-9 所示。按 Esc 键返回。

6. 圆标注

"圆标注(Circular)"命令用于对圆或圆弧进行标注。从主菜单中选择"绘图→尺寸标注→标注尺寸→圆弧标示(Create→Drafting→Dimension→Circular)",选择圆或圆弧,用鼠标指针拖动标注至合适位置后单击鼠标左键,完成圆的标注,按 Esc 键返回。

在拖动鼠标的同时,如果在键盘上按 D 键,则标注出直径;如果按 R 键,则标注出半径。

7. 角度标注

该命令用于标注两条不平行直线的夹角。从主菜单中选择"绘图→尺寸标注→标注尺寸→角度标示(Create→Drafting→Dimension→Angular)",选择直线 $L1$,选择直线 $L2$,用鼠标指针拖动标注至合适位置后单击鼠标左键,完成角度标注,如图 4-10 所示。

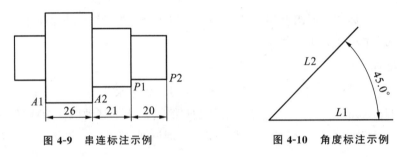

图 4-9　串连标注示例　　　　　　图 4-10　角度标注示例

8. 相切标注

该命令用于标注出圆弧与点、直线或圆弧等分点间水平或垂直方向的距离。从主菜单中选择"绘图→尺寸标注→标注尺寸→相切标示(Create→Drafting→Dimension→Tangent)"命令,选择直线 $L1$,选择圆 $A1$,用鼠标指针拖动标注至合适位置,单击鼠标左键,完成相切标注,如图 4-11 所示。

9. 顺序标注

该命令以选择的一个点为基准,可以标注出一系列点与基准点的相对距离。

10. 点标注

该命令用于标注出选择点的坐标。在"标注尺寸(Dimension)"子菜单中选择"点位标示(Point)"命令,选择一个点,系统显示该点坐标,用鼠标指针拖动坐标至合适位置单击鼠标左键,完成点标注,如图 4-12 所示。

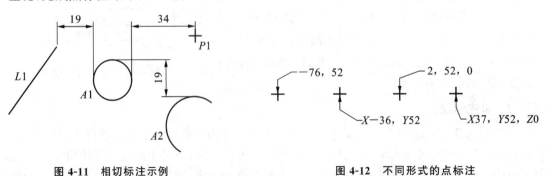

图 4-11　相切标注示例　　　　　　图 4-12　不同形式的点标注

三、注解文字

几何图形中,除了尺寸标注外,还可以采用图形注解来对图形进行说明。

从主菜单中选择"绘图→尺寸标注→注解文字(Create→Note)",系统弹出"注解文字(Note Dialog)"对话框如图 4-13 所示,从中选择图形注解的类型,并设置相应的参数。在"注解文本"框中输入注解文字,单击"确定"按钮,在绘图区拖动图形注解至指定位置后再单击鼠标左键,系统即可按设置的类型绘制图形注解。

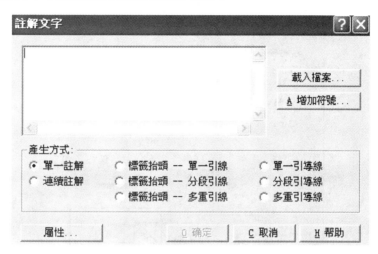

图 4-13 "注解文字"对话框

在"注解文字(Note Dialog)"对话框中,有以下 3 种输入注解文字的方法。

1. 直接输入

将鼠标指针移至"注解文字"编辑框中,直接输入注解文字。

2. 导入文字

单击"载入档案(Load File)"按钮,选择一个文字文件后,单击"Open"按钮,即可将该文字文件中的文字导入到"注解文字"编辑框中。

3. 添加符号

单击"增加符号(Add Symbol)"按钮,弹出"增加符号"对话框,用鼠标指针选择需要的符号,即可将该符号添加到"注解文字"编辑框中。

四、绘制延伸线和引导线

"尺寸标注(Drafting)"子菜单中的"延伸线(Witness)"命令用来绘制尺寸界线,该命令的使用方法与绘制直线命令"Line"中的"任意线(End points)"选项相同。但"延伸线(Witness)"命令绘制的是尺寸界线而不是直线,用户可以使用"修整(Modify)"子菜单中的"分割(Break)"命令中的"分割标注和引线(Draft/Line)"选项将尺寸界线转换为直线。

"尺寸标注(Drafting)"子菜单中的"引导线(Leaders)"命令用来绘制引导线,其功能和使用方法与在"注释(Note)"命令中选择"只绘制带折线(Segmented Leaders)"选项相同。

五、剖面线

该命令指在选择的封闭区域内绘制指定图案、间距及旋转角的剖面线图案。其操作步骤如下。

(1) 从主菜单中选择"绘图→剖面线(Create→Hatch)"命令,弹出"剖面线(Hatch)"对话框,如图 4-14 所示。

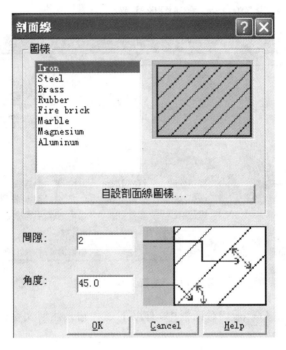

图 4-14 "剖面线"参数设置对话框

(2) 设置"剖面线"对话框,在"图样(Pattern)"中选择"Iron",在"间隙(Spacing)"中输入 1～3 的数字,在"角度(Angle)"中输入 45.0 或 135.0。

(3) 选择要进行填充的封闭边界(可以选择多个封闭边界)后,选择起始点。

(4) 单击"OK"按钮,系统完成剖面线绘制。

六、多重编辑和编辑文字

多重编辑是利用"Globals"对话框来编辑选择一个或多个图形标注。从主菜单中选择"绘图→多重编辑(Create→Multi Edit)",选择需要编辑的一个或多个图形标注后,选择"Done"选项,系统弹出"编辑图形标注(Drafting Globals)"对话框,可以通过改变图形标注的设置来更新选择的图形标注。

编辑文字选项用于编辑尺寸标注、注释和标签中文字的内容。从主菜单中选择"绘图→编辑文字(Create→Edit)",将"Edit Text"选项设置为"Y",选择一个尺寸标注、注释或标签后,系统弹出"编辑尺寸文字"对话框或"字型"对话框来进行文字编辑,这与快捷编辑方式中的"Text"选项功能相同。将"Edit Text"选项设置为"N",选择任何一个图形标注(图形填充、单个箭头和单个尺寸界线除外),系统即可直接进入快捷方式对图形标注进行编辑。

七、快捷尺寸标注

MasterCAM 在图形标注命令中的一个主要功能是可以使用快捷方式进行尺寸标注和编辑尺寸标注。

快捷方式可以进行除基准标注、串连标注和顺序标注以外的所有尺寸标注。其操作步骤如下。

（1）从主菜单中选择"绘图→尺寸标注（Create→Drafting）"。

（2）选择点、直线、圆弧，被选对象高亮显示。

（3）用鼠标指针将标注移动至合适位置单击左键即完成标注。

在使用快捷尺寸标注时，屏幕上部的提示区会显示一个提示菜单，分别为线性标注、圆标注和角度标注时所显示的提示菜单，选择不同的选项可以改变尺寸标注的属性。

对于线性标注，输入 D 或 R 后，则可分别在尺寸文字前增加或取消直径 ϕ 或半径 R 标记。

项目 5
曲面和曲线的构建

◀ **项目摘要**

　　通过本项目的学习，理解 MasterCAM 软件的坐标系、构图面、视角及工作深度等基本概念，准确地观察和绘制三维线架模型，并在此基础上，构建各种曲面模型，包括直纹曲面、举升曲面、昆氏曲面、旋转曲面、扫描曲面、牵引曲面、曲面倒圆角等，并能使用曲面和曲线的编辑功能，完成复杂曲面的构建。通过对任务 15 中几个典型曲面构建方法的学习、模仿，掌握在线架模型基础上构建各种曲面模型的基本方法。

◀ 任务1　三维造型概述 ▶

MasterCAM 中的三维造型可以分为线架造型、曲面造型及实体造型三种,由这三种造型生成的模型可从不同角度来描述一个物体。它们各有侧重,各具特色。图 5-1(a)中为线架模型,图 5-1(b)中为曲面模型,图 5-1(c)中为实体模型。

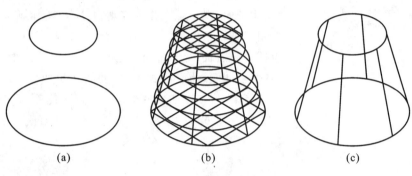

(a)　　　　　　　　　(b)　　　　　　　　　(c)

图 5-1　三维造型示例

线架模型用来描述三维对象的轮廓及断面特征,它主要由点、直线、曲线等组成,不具有面和体的特征,但线架模型是曲面造型的基础。

曲面模型用来描述曲面的形状,一般是由线架模型经过进一步处理得到的。曲面模型不仅可以显示出曲面的轮廓,而且可以显示出曲面的真实形状。

实体模型具有体的特征,它由一系列表面包围,这些表面可以是普通的平面,也可以是复杂的曲面。实体模型中除包含二维图形数据外,还包含相当多的工程数据,如体积、边界面和边等。

◀ 任务2　构图面、视角及工作深度设置 ▶

进行三维造型时,需要对构图面(Cplane)、视角(Gview)及工作深度(Z)进行设置后,才能准确地观察和绘制三维图形。这三个选项均可在辅助菜单中选择。

一、MasterCAM 的坐标系统

MasterCAM 的作图环境中有两种坐标系可供使用,即系统坐标系和工作坐标系。系统坐标系是 MasterCAM 中固定不变的坐标系,满足右手法则,如图 5-2(a)所示。工作坐标系是用户在设置构图平面时所建立的坐标系,又称为用户坐标系。在工作坐标系中,不管构图平面如何设置,总是 X 轴的正方向朝右,Y 轴的正方向朝上,Z 轴的正方向垂直屏幕指向用户,如图 5-2(b)所示。

MasterCAM 图形界面左下角的 X、Y、Z 指的是系统坐标系的 X、Y、Z 轴,并不是用户坐标系的 X、Y、Z 轴,而只有在构图平面与图形视角同为俯视图时,MasterCAM 图形界面中的 X、Y、Z 轴才与用户坐标系的 X、Y、Z 轴一致。

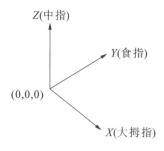
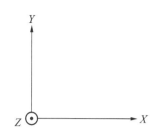

（a）MasterCAM 的系统坐标系 　　　　（b）MasterCAM 的工作坐标系

图 5-2　坐标系

二、设置构图面

在 MasterCAM 中引入构图平面的概念是为了能将复杂的三维绘图简化为简单的二维绘图。构图平面是用户当前正在使用的绘图平面，与工作坐标系平行。设置好构图平面后，则所绘制出的图形都在构图平面上。如构图平面为 TOP 视图，则用户所绘制出的图形就产生在平行于 TOP 视图的构图面上。构图平面的设置方法如下。

（1）单击图 5-3 所示的工具条按钮（蓝色立方体）来设置俯视图、前视图、侧视图、空间绘图等构图面。

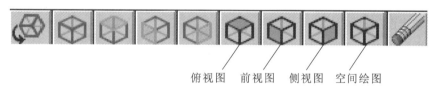

俯视图　前视图　侧视图　空间绘图

图 5-3　构图平面工具条设置按钮

（2）单击次功能表中的"构图面"，然后在图 5-4 所示的"构图面"菜单中选择相关选项来设置构图面。

1. 三维空间构图/3D

在子菜单中选择该选项或在工具栏中单击相对应的按钮，可以将构图面设置为三维构图面，可以在三维空间内绘制图形，并允许在三维空间中创建实体。这时选择的点，可以同时确定该点的 X、Y、Z 坐标值。

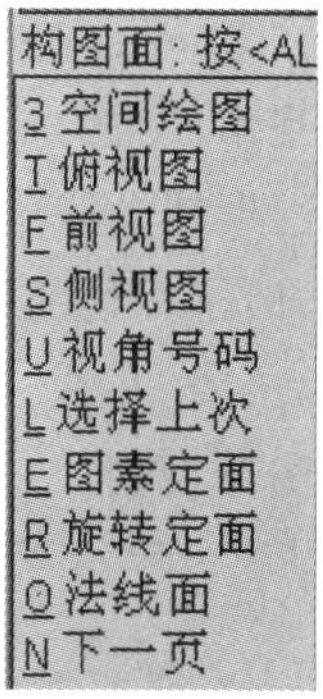

2. 俯（顶）视构图平面/Top

在子菜单中选择该选项或在工具栏中单击相对应的按钮，可以将构图面设置为俯视平面。这时选择点时，仅能确定该点的 X、Y 坐标值，Z 坐标值为设置的工作深度值。

3. 前视构图平面/Front

在子菜单中选择该选项或在工具栏中单击相对应的按钮，可以将构图面设置为前视平面。这时选择点时，仅能确定该点的 X、Z 坐标值，Y 坐标值为设置的工作深度值。

4. 右（侧）视构图平面/Side

在子菜单中选择或在工具栏中单击相对应的按钮，可以将构图

构图面：按<AL
3 空间绘图
I 俯视图
F 前视图
S 侧视图
U 视角号码
L 选择上次
E 图素定面
R 旋转定面
O 法线面
N 下一页

图 5-4　"构图面"
菜单

面设置为右视平面。这时选择点时,仅能确定该点的 Y、Z 坐标值,X 坐标值为设置的工作深度值。

5. 构图面号码/Number

选择该选项,可以在提示区输入定义平面的编号,系统将该编号对应的构图面作为当前构图面,其中 $1\sim8$ 是系统默认的构图面号码:1——俯视平面(Top),2——前视平面(Front),3——后视平面(Back),4——仰视平面(Bottom),5——右视平面(Right Side),6——左视平面(Left Side),7——等轴测平面(Isometric),8——轴测平面(Axonometric)。当设置了 8 号以外的构图面号码时,系统会自动地顺序分配一个 $9\sim100$ 中的数字。

6. 构图面名称/Named

选择该选项,系统将弹出"查看(View Manager)"对话框。"查看"对话框在"View List"列表框中列出了当前对象的所有构图面编号和名称,直接选择构图面的编号或名称,单击"OK"按钮,即可将该构图面设置为当前构图面。

7. 图素定面/Entity

选择该选项,可以通过绘图区已存在的几何对象来设置新的构图面。可以选择实体的一个面或几个面的几何对象来定义构图面,也可以选择相交(或延伸相交)的两条直线或三个点来定义构图面。

8. 旋转定面/Rotate

选择该选项,可以通过旋转当前构图面来创建新的构图面。

9. 法线定面/Normal

选择该选项,可以通过设置构图面的法线来定义构图面。选择三维空间的一条直线后,创建的新构图面垂直于该直线。

10. 等于构图视角/=Gview

选择该选项,可以将构图平面设置为当前的视角平面。

三、设置视角

在 MasterCAM 中可通过图形视角的设置来观察三维图形在某一视角的投影视图,如图形视角设置为 T 视图,则三维图形在屏幕上表现为俯视图,即从上往下看的投影视图。

图形视角表示的是当前屏幕上图形的观察角度,但用户所绘制的图形不受当前视角的影响,而是由构图平面和工作深度来确定。图形视角的设置方法如下。

(1)单击图 5-5 所示的工具条按钮(绿色立方体)来设置等角视图、俯视图、前视图、侧视图等图形视角。

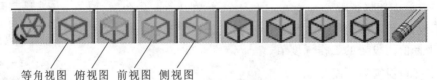

等角视图　俯视图　前视图　侧视图

图 5-5　图形视角工具条设置按钮

（2）单击次功能表中的"视角"，然后在图 5-6 所示的图形视角菜单中选择相关选项来设置图形视角。

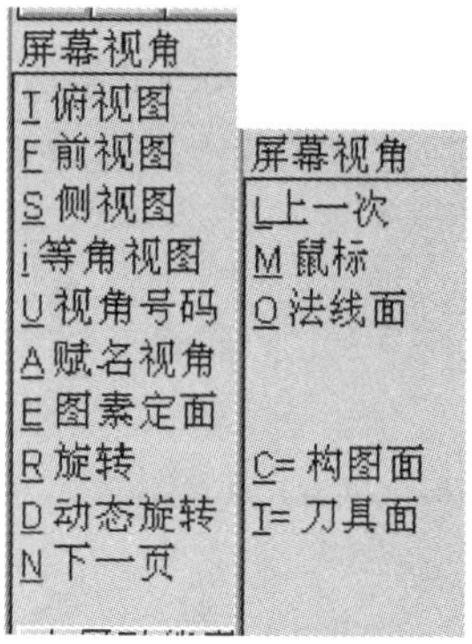

1. 自动旋转

在选择辅助菜单中的"Gview"选项后，按下键盘上的 End 键，绘图区中的几何图形和三维坐标轴将自动转动，直至按下 Esc 键，转动才会停止，系统将此时的视角设置为当前视角。

2. 俯视图/Top

在子菜单中选择该选项或单击工具栏中相对应的按钮，系统将当前视角设置为俯视图。

图 5-6 图形视角菜单

3. 前视图/Front

在子菜单中选择该选项或单击工具栏中相对应的按钮，系统将当前视角设置为前视图。

4. 侧视图/Side

在子菜单中选择该选项或单击工具栏中相对应的按钮，系统将当前视角设置为侧视图。

5. 等角视图/Isometric

在子菜单中选择该选项或单击工具栏中相对应的按钮，系统将当前视角设置为等角视图。

6. 动态视角/Dynamic

在子菜单中选择该选项或单击工具栏中相对应的按钮，可以动态改变当前视角。操作步骤如下。

（1）从辅助菜单中选择"视角→动态（Gview→Dynamic）"。

（2）主菜单区显示"点输入"菜单，输入需要旋转的图形中心点。

（3）当得到需要的视角后，单击鼠标左键，图形将静止不动。

7. 鼠标/Mouse

该选项的功能与"动态视角（Dynamic）"选项功能相同。所不同的是选择"动态视角（Dynamic）"选项时，在动态改变视角的过程中，图形也动态改变其显示；而选择"鼠标（Mouse）"选项时，在动态改变视角的过程中，只是一个三维坐标轴随视角变化而改变其显示。

8. 等于构图面/＝Cplane

选择该选项，系统将当前构图平面设置为当前的视角。

四、设置工作深度

工作深度是用户绘制出的图形所处的三维深度，是用户设置的工作坐标系中的 Z 轴坐标。MasterCAM 通过工作深度的设置使用户可以在二维平面中绘制出具有三维 Z 轴深度的图形。

构图平面和工作深度的关系如图 5-7 所示。设定构图平面为 TOP 视图，输入不同的 Z

深度,则所绘制的图形位于与构图平面平行的不同的平面上,其距离就为 Z 深度。

设置方法:单击次功能表中"Z"(如图 5-8 所示),直接从键盘中输入数据或从屏幕上选择已存在的点来设定工作深度。

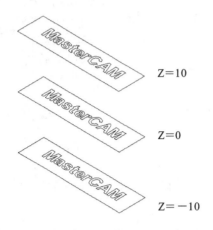

图 5-7　构图平面和工作深度的关系

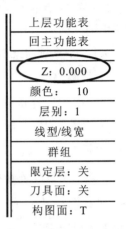

图 5-8　工作深度设置

◀ 任务3　线架模型 ▶

通常在构建曲面时,要先绘制线架模型,因此线架模型是构建曲面模型的基础。

三维线架模型是以物体的边界(边缘)来定义物体,其体现的是物体的轮廓特征或物体的横断面特征。三维线架模型不能直接用于产生三维曲面刀具路径。

三维线架模型是物体的抽象表示,它的构建是进行曲面和实体造型的基础,没有一个事先构建好的线架模型就不能很好地进行曲面和实体的构建。在三维线架模型的构建中要灵活地运用构图平面、工作深度和图形视角的设置。下面将通过几个练习说明线架模型的绘制方法。

一、直纹曲面三维线架模型的构建实例

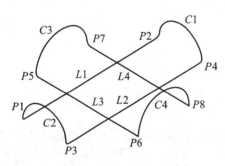

图 5-9　直纹曲面三维线架模型的构建

本实例将使用前视图、侧视图、空间构图面的构图平面来构建如图 5-9 所示的 4 个圆弧、4 条直线,此图将作为构建直纹曲面的轮廓。

(1)选择构图面为前视图,视角为等角视角,设置 Z 深度,绘制 $C1$、$C2$ 两条圆弧。

选择次功能表中"Z",从键盘中输入工作深度数值为 -50;在主功能表中选择"绘图→圆弧→极坐标→圆心点→原点$(0,0)$",从键盘输入圆弧半径25,输入起始角度为 0,输入终止角度为 180,绘制

出 C1 圆弧;连续按 Esc 键回主功能表;选择次功能表中"Z",从键盘中输入工作深度数值为 50;在主功能表中选择"绘图→圆弧→极坐标→圆心点→原点(0,0)",从键盘输入圆弧半径 25,输入起始角度为 0,输入终止角度为 180,绘制出 C2 圆弧。

(2) 选择构图面为侧视图,视角为等角视角,设置 Z 深度,绘制 C3、C4 两条圆弧。

选择次功能表中"Z",从键盘中输入数值为 −60;在主功能表中选择"绘图→圆弧→极坐标→圆心点→原点(0,0)",从键盘输入圆弧半径为 30,输入起始角度为 0,输入终止角度为 180,绘制出 C3 圆弧;连续按 Esc 键回主功能表;选择次功能表中"Z",从键盘中输入数值为 60;在主功能表中选择"绘图→圆弧→极坐标→圆心点→原点(0,0)",从键盘输入圆弧半径为 30,输入起始角度为 0,输入终止角度为 180,绘制出 C4 圆弧。

(3) 在空间构图面中将四条圆弧的端点用直线分别相连。

选择构图面为空间构图面,视角为等角视角。在主功能表中选择"绘图→直线→任意线段",通过捕捉端点分别连接 P1P2、P3P4、P5P6、P7P8,绘制出 L1、L2、L3、L4 四条直线。

最后完成如图 5-9 所示的线架模型。

二、绘制昆氏曲面线架模型图

绘制如图 5-10(a)所示的线架模型图,图 5-10(b)为此线架模型构建的曲面模型。

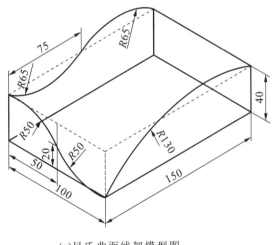 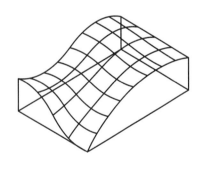

(a)昆氏曲面线架模型图　　　　　　　　(b)昆氏曲面模型

图 5-10　昆氏曲面

1. 绘制两矩形

设置参数如下:构图面为俯视图;视角为俯视图;工作深度 Z 为 20。

在主菜单中选择"绘图→矩形→一点",弹出"矩形一点法"对话框,设置如下。

(1) 绘制矩形 P1:矩形中心点为(0,0),宽度(Width)为 100,高度(Height)为 150。

(2) 绘制矩形 P2:工作深度为 −20,矩形中心点为(0,0),宽度为 100,高度为 150。

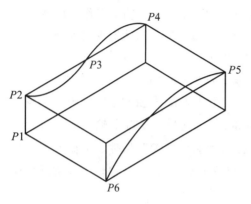

图 5-11 绘制矩形盒和侧面圆弧

2. 绘制四棱柱

设置构图面为三维构图平面(3D),在主菜单中选择"绘图→直线→端点",选择绘图区中的 P1、P2 点,连接这两个端点,使用同样方法连接其他对应端点,如图 5-11 所示。

3. 绘制左侧面小圆弧

设置构图面(Cplane)为侧视图(Side)。选择工作深度 Z,然后单击 P4 点,工作深度 Z 应为 -50。将构图平面设置为与当前构图平面平行,且通过 P1 点的平面。在主菜单中选择"绘图→圆弧→两点画弧",然后单击 P3 和 P4 点(其中 P3 是 P2P4 线段的中点),并输入半径 65,选择所需要的圆弧。用同样方法绘制出 P2P3 段圆弧。

4. 绘制右侧面大圆弧

单击工作深度 Z,然后单击 P5 点,此时工作深度 Z 为 50,在主菜单中选择"绘图→圆弧→两点画弧",分别选择绘图区中的 P5、P6 点,并输入半径为 130,选择所需要的圆弧部分。

5. 绘制前面圆弧

改变构图平面,将构图面(Cplane)设置为前视图(Front)。选择工作深度 Z,单击 P7 点(直线 P1P6 的中点),Z 值显示为 75。在主菜单中选择"绘图→直线→端点(Create→Line→Endpoints)",绘制出直线 P7P8。

然后在主菜单中选择"绘图→圆弧→两点画弧"。单击 P2 和 P9 点(其中 P9 是直线 P7P8 的中点),并输入半径为 50,选择所需要的圆弧。

6. 绘制 P9P6 段圆弧

采用同样方法绘制 P9P6 段圆弧,如图 5-12 所示。

7. 删除辅助线

删除图中的辅助线,如图 5-13 所示。

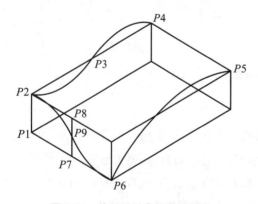

图 5-12 绘制矩形盒的前面圆弧

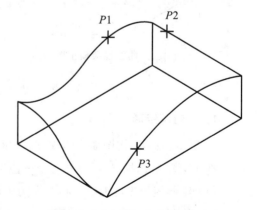

图 5-13 删除辅助线后的线框图

◀ 任务4　曲面的基本概念 ▶

曲面是用数学方程式来表示物体的形状的。通常一个曲面包含有许多横截面（Sections）和缀面（Patches），将两者熔接在一起则可形成一个完整的曲面。

由于计算机运算能力的提高，以及新曲面模型技术的开发，现已能精确完整地描述复杂工件的外形。所有的曲面都可以用数学方程式计算而得到。

曲面可分为三大类型，即几何图形曲面、自由形式曲面和编辑过的曲面。

几何图形曲面具有固定的几何形状，是由直线、圆弧、平滑曲线等图素生成，例如：球体、圆锥、圆柱以及牵引曲面和旋转曲面。

自由形式曲面不是特定的几何图形，通常根据直线和曲线来决定其形状。这些曲面需要复杂且难度较高的曲面技术，如昆氏曲面、直纹曲面、举升曲面、扫描曲面等。

编辑过的曲面是通过编辑已有的曲面而产生的，如补正曲面、修整延伸曲面、曲面倒圆角、曲面熔接等。

◀ 任务5　直纹曲面和举升曲面的构建 ▶

一、构建直纹曲面

1．准备线架模型

线架模型如图 5-9 所示。

2．设置图层和绘图颜色

为方便管理线框和曲面，在次功能表中单击"层别"，弹出如图 5-14 所示的"层别管理员"对话框，设置第 2 层为当前图层，并输入层别名称为直纹曲面，单击"确定"按钮。

在次功能表中单击"颜色"，弹出"颜色"对话框（如图 5-15 所示），选 11 号色作为当前颜色。

3．绘制直纹曲面

在主菜单中选择"绘图→曲面→直纹曲面（Create→Surface→Ruled）"，在定义外形菜单中选择"单体"，分别选择如图 5-16 所示的 C1、C2 两段圆弧（注意起始点需一致，可通过"回复选取"来重新选择），选择执行。

在主菜单中选择"绘图→曲面→直纹曲面（Create→Surface→Ruled）"，在定义外形菜单中选择"单体"，分别选择如图 5-17 所示的 C3、C4 两段圆弧（注意起始点需一致），选择执行，结果如图 5-18 所示。

按快捷键 Alt＋S，或单击快捷工具栏的"色现"按钮，曲面着色后的效果如图 5-19 所示。

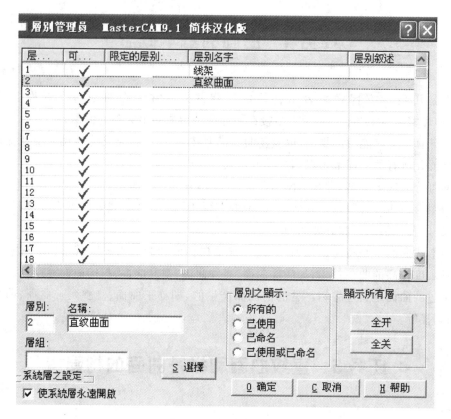

图 5-14　"层别管理员"对话框

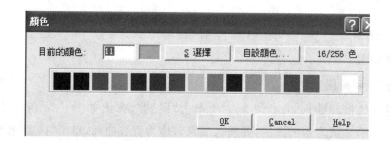

图 5-15　"颜色"对话框

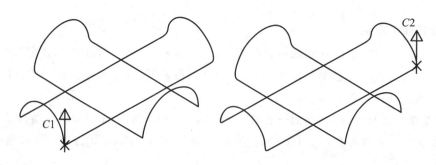

图 5-16　选择 C1、C2 两条圆弧

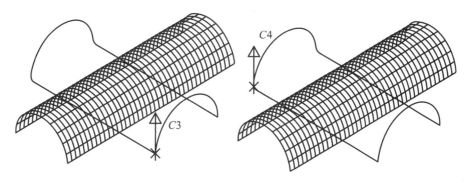

图 5-17　选择 C3、C4 两条圆弧

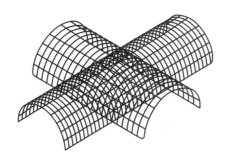

图 5-18　构建出来的直纹曲面

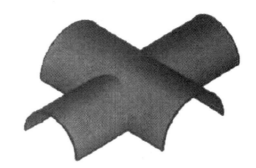

图 5-19　曲面着色后的效果

二、构建举升曲面

举升曲面是通过提供一组横断面曲线作为线型框架,然后沿纵向利用参数化最小光滑熔接方式形成的一个平滑曲面。举升曲面至少需要两个截面外形才能显示出它的特殊效果,如果外形数目为 2,则得到的举升曲面和直纹曲面是一样的。当外形数目超过 2 时则产生一个抛物式的顺接曲面,而直纹曲面则产生一个线性式的顺接曲面,因此举升曲面比直纹曲面更加光滑。

(1) 绘制如图 5-20 所示的线架模型图。

① 绘制矩形,在主菜单中选择"文件→新文件(File→New)"。其设置如下。

视角(Gview)设置为俯视图(Top),构图面(Cplane)自动设置为俯视图(Top),工作深度 Z 设置为 0。

② 在主菜单中选择"绘图→矩形→一点法(Create→Rectangle→1 Point)"。然后键盘输入:矩形宽度(Width)为 80;矩形高度(Height)为 66;选择矩形中心点为(0,0)。

③ 绘制三个圆。在主菜单区依次选择"绘图→圆弧→中心直径圆(Create→arc→Circ pt ＋dia)"。

绘制圆 C1:工作深度 Z 为 25,圆心为(0,0),直径为 60。

绘制圆 C2:工作深度 Z 为 15,圆心为(0,0),直径为 40。

绘制圆 C3:工作深度 Z 为 40,圆心为(0,0),直径为 30。

④ 系统绘制出图形。

(2) 在直线 L1 的中点分割打断(为了使各截面起始点对齐),设置等角视图。

① 在主菜单中选择"修整→分割→两段(Modify→Break→2 Pieces)"。

② 选择直线 L1 的中点分割打断。

③ 按 Esc 键退出分割打断命令。

（3）绘制举升曲面。

① 在主菜单中选择"绘图→曲面→举升曲面(Create→Surface→Loft)"。

② 选择串连方式依次串接矩形、圆 C2、圆 C1 和圆 C3，串接的起点和方向，如图 5-20 所示。如果方向不一致，可选择"换向(Reverse)"选项将串连方向反向。

③ 选择"执行(Done)"选项，弹出"举升参数"设置子菜单。

（4）设置举升参数，绘制举升曲面。

① 允许误差(Tolerance)：选择该选项后，输入允许误差值为 0.01。

② 直纹曲面形式(Type)：选择该选项并设置为 N。

③ 选择"执行(Do it)"选项，系统提示忽略矩形直角，按 Enter 键执行。按 Enter 键后，完成操作，如图 5-21 所示。按快捷键 Alt＋S，显示着色。

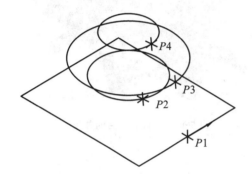

图 5-20　构建举升曲面线架图

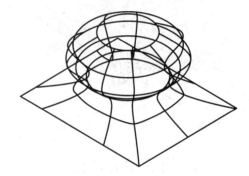

图 5-21　构建出来的举升曲面

在构建直纹曲面或举升曲面时均应注意如下几点。

（1）所有曲线串连的起始点都应对齐，否则会生成扭曲曲面。

（2）所有曲线串连的方向应相同，否则也会生成扭曲曲面。

（3）串连的选择次序不同，形成的曲面也不相同。

◀ 任务6　构建昆氏曲面 ▶

在主菜单中选择"绘图→曲面→昆氏曲面(Create→Surface→Coons)"，可以构建昆氏曲面。

昆氏曲面是由一些曲面片按照边界条件平滑连接而构建的不规则曲面，曲面片由四条封闭的曲线构成。

选择昆氏曲面片的边界曲线串连的方法有两种：自动串连和手动串连。

一、自动串连

下面以任务3第2小节中绘制的线架模型为例来说明构建昆氏曲面的方法。操作步骤如下。

（1）在主菜单中选择"文件→打开（File→Get）"，输入文件名，单击"Open"按钮，在绘图区显示线架模型。

（2）在主菜单中选择"绘图→曲面→昆氏曲面（Create→Surface→Coons）"。

（3）系统弹出"昆氏曲面（Coons）"对话框，提示是否使用自动串连，单击"Yes"按钮。

（4）根据系统提示分别选择左上角 P1、P2 点和右下角 P3 点，如图 5-22 所示。系统在主菜单中弹出"昆氏曲面（Coons）"子菜单。

（5）设置各参数后，选择"执行（Do it）"选项，系统绘制出如图 5-23 所示的昆氏曲面。

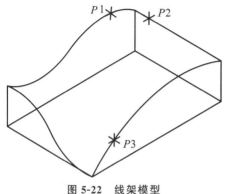

图 5-22　线架模型

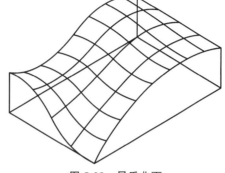

图 5-23　昆氏曲面

二、手动串连

绘制如图 5-24 所示的线架模型图，图 5-25 所示为由此线架模型图生成的昆氏曲面。

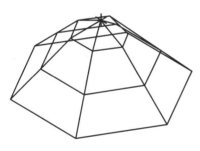

图 5-24　线架模型图

图 5-25　昆氏曲面

（1）构建三维线架模型图，如图 5-26 所示。

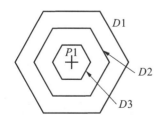
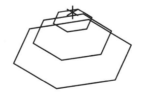

图 5-26　线架模型绘制过程

①绘制六边形 D1、D2、D3 和顶点 P1，设置构图面为俯视图，视角为俯视图。

② 绘制六边形 D1。工作深度 Z 为 0。在主菜单中选择"绘图 → 下一页 → 多边形

(Create→Next Menu→Polygon)"。系统弹出"多边形"对话框,其设置如下:边数(Number of Sides)设置为 6,半径(Radius)设置为 30,旋转角度(Rotation)设置为 0。

选择"外接圆(Measure Radius to Corner)"复选框。单击"OK"按钮,选择中心点 (Center pt):(0,0),可以得到六边形 D1。

③ 绘制六边形 D2,需要改变的设置有:工作深度 Z 改为 10,半径(Radius)改为 20,输入中心点(0,0)。

④绘制六边形 D3,需要改变的设置有:工作深度 Z 改为 20,半径改为 10,输入中心点 (0,0)。

⑤ 绘制顶点 P1。

在主菜单中选择"绘图→点→位置(Create→Point→Position)"。工作深度 Z 设置为 25,输入点坐标(0,0)。

⑥ 连接各六边形角点,设置如下:构图面(Cplane)设置为三维空间(3D),视角(Gview) 设置为俯视图(Top)。

在主菜单中选择"绘图→直线→端点(Create→Line→Endpoints)"。依次连接各角顶点连线。

(2)在主菜单中选择"绘图→曲面→昆氏曲面(Create→Surface→Coons)"。

(3)系统弹出"昆氏曲面(Coons)"对话框,单击"NO"按钮。

(4)设置曲面缀面数如下。

① 切削方向的缀面数目(Number of Patches in the Along Direction)设置为 6。

② 截面方向的缀面数目(Number of Patches in the Across Direction)设置为 3。

(5)系统提示选择边界串连,将视角设置为俯视图,选择"单体(Single)"串连方式,依次选择图 5-27 中的直线 A1～A18 和 A19×6(中心点 A19 选择 6 次)、C1～C18 及 C1～C3,再重复选择一次用来封闭曲面片边界。

(6)主菜单中弹出"昆氏曲面(Coons)"子菜单,设置如下。

① 允许误差(Tolerance)设置为 0.01 或默认值。

② 曲面类型(Type)设置为 N(NURBS 曲面)。

③ 熔接方式(Blending)设置为 L(线性熔接)。

④ 选择"执行(Do it)"选项后,系统绘制出昆氏曲面,如图 5-28 所示。

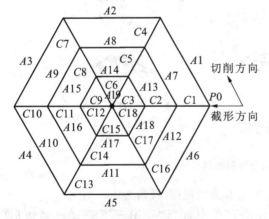

图 5-27　曲面片串连的方向和顺序

图 5-28　昆氏曲面手动串连法

◀ 任务 7　构建旋转曲面 ▶

旋转曲面是几何图素绕某一轴或某一直线旋转而生成的曲面。

旋转角度由用户在选择旋转轴时的那一端点来确定,不能使用负值,但能通过选择旋转轴的另一端点来确定相反的旋转角度。旋转的方向永远是沿着所选择旋转轴的端点向另一端点旋转的顺时针方向,遵守右手螺旋法则。

构建旋转曲面的操作步骤和方法如下。

1. 绘制外形线框

在前视图构图面,绘制好如图 5-29 所示的外形线框。

2. 构建旋转曲面

在主菜单中选择"绘图→曲面→旋转曲面→串连→部分串连",选择如图 5-29 所示的 $P1$、$P2$,以 $P1$ 至 $P2$ 间的外形线框作为要旋转的图素,单击执行,选择 $P3$,以 $P3$ 处直线作为旋转轴,起始角度为 0,终止角度为 270,单击执行。按快捷键 Alt＋S 着色后,结果如图 5-30 所示。

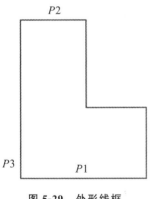

图 5-29　外形线框

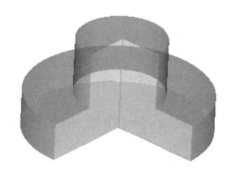

图 5-30　构建出的旋转曲面

◀ 任务 8　构建扫描曲面 ▶

扫描曲面是将物体的截面曲线沿着一条或两条引导曲线平移而形成的曲面。MasterCAM 提供了三种绘制扫描曲面的方式。第一种为将一个截面外形,沿着一条引导曲线移动形成的扫描曲面;第二种为将一个截面外形沿着两条引导曲线移动形成的扫描曲面;第三种为将两个截面外形沿着一条引导曲线移动形成的扫描曲面。

一、一个截断方向外形和一个切削方向外形

1. 绘制线架模型

线架模型如图 5-31 所示。

2. 扫描曲面

在主菜单中选择"绘图→曲面→扫描曲面(Create→Surface→Sweep)",串连外形 2 作为截断方向外形 1 后,选择"执行(Done)"选项。选择"串连(Chain)"选项,选择外形 1 作为切削方向外形 1 后,选择"执行(Done)"选项。

设置参数后,选择"执行(Do it)"选项,系统完成扫描曲面,如图 5-32 所示。

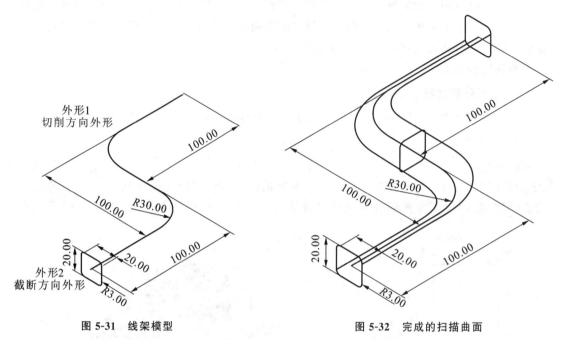

图 5-31　线架模型　　　　　　　　　　　　图 5-32　完成的扫描曲面

二、一个截断方向外形和两个切削方向外形

1. 绘制线架模型

在俯视图构图面上构建如图 5-33 所示的外形,在侧视图构图面上通过 $P1$、$P2$ 点,构建一个半径为 10 的圆弧 $C1$,线架模型如图 5-34 所示。

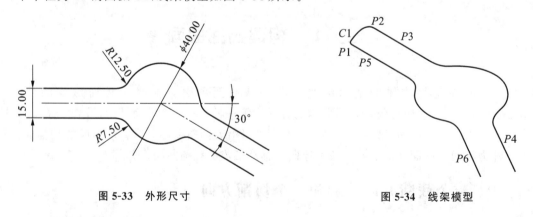

图 5-33　外形尺寸　　　　　　　　　　　　图 5-34　线架模型

2. 构建扫描曲面

在主菜单中选择"绘图→曲面→扫描曲面(Create→Surface→Sweep)",在定义截断方向

外形菜单中单击"单体",选择圆弧作为截断方向外形,单击"执行";在定义切削方向外形菜单中选择"串连→部分串连",将"接续单击"设置为 Y,以点 $P3$ 至 $P4$ 间的线段作为切削方向段落 1,单击"结束选择"。选择"串连→部分串连",以点 $P5$ 至 $P6$ 间的线段作为切削方向段落 2,单击"结束选择"。

　　设置参数后,选择"执行(Do it)"选项,系统完成扫描曲面,如图 5-35 所示。

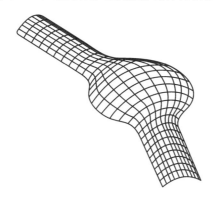

图 5-35　构建出的扫描曲面

三、两个截断方向外形和一个切削方向外形

1. 绘制线架模型

在俯视图、前视图和侧视图构图面上构建如图 5-36 所示的外形。

2. 构建扫描曲面

　　在主菜单中选择"绘图→曲面→扫描曲面(Create→Surface→Sweep)",在定义截断方向外形菜单中单击"单体",选择前视图圆弧作为截断方向外形 1,选择侧视图圆弧作为截断方向外形 2,单击"执行";在定义切削方向外形菜单中选择"串连→部分串连",以点 $P1$ 至 $P2$ 间的线段作为切削方向,将"接续单击"设置为 Y,单击"结束选择"。

　　设置参数后,选择"执行(Do it)"选项,系统完成扫描曲面,如图 5-37 所示。

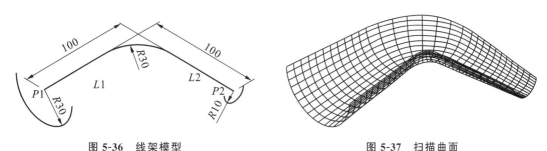

图 5-36　线架模型　　　　　　　　　　　　图 5-37　扫描曲面

◀ 任务 9　构建牵引曲面 ▶

　　牵引曲面是将物体的断面外形或基本曲线,笔直地沿某一特定的方向拉伸而形成的曲

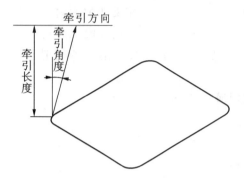

图 5-38 牵引曲面受牵引方向、牵引
长度和牵引角度的影响

面。牵引曲面受牵引方向、牵引长度和牵引角度
的影响,如图 5-38 所示。

1. 准备外形轮廓

准备如图 5-39 所示的外形线框。

2. 构建牵引曲面

在主菜单中选择"绘图→曲面→牵引曲面
(Create→Surface→Draft)",选择如图 5-39 所示
的外形,单击"执行",选择"视角→俯视图→牵引
长度→输入数值 20→牵引角度→输入数值 3→设
置曲面型式为 N→执行",按 Esc 键返回主功

能表。

构建出来的牵引曲面如图 5-40 所示。

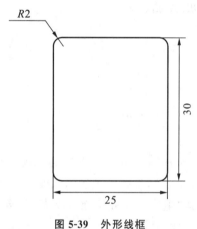

图 5-39 外形线框

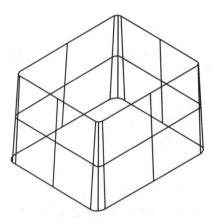

图 5-40 构建牵引曲面

◀ 任务 10 构建曲面倒圆角 ▶

常见的模具零件轮廓都带有倒圆角,曲面倒圆角可以实现面与面的平滑过渡,有增加强
度、外形美观、避免伤害等优点。在主菜单中选择"绘图→曲面→倒圆角(Create→Surface→
Fillet)",可以构建曲面倒圆角。MasterCAM 提供了三种构建曲面倒圆角的方法:平面与曲
面间倒圆角、曲线与曲面间倒圆角、曲面与曲面间倒圆角。

一、平面与曲面间倒圆角

平面与曲面间倒圆角是指在原始曲面和指定的平面之间构建倒圆角。

1. 准备好原始曲面

Z 设置为 0,在前视图构图面上绘制一个圆心位于(0,0)点、半径为 25 的半圆弧,将其牵引 100 个长度后生成的图形如图 5-41 所示。

2. 平面与曲面间倒圆角

(1) 在主菜单中选择"绘图→曲面→曲面倒圆角→平面/曲面(Create→Surface→Fillet→Plane/Surf)",弹出"选择曲面"子菜单。

(2) 根据提示选择曲面,直接单击曲面,或在"选取"子菜单中选择"All→Surface"后,选择"执行(Done)"选项。

(3) 提示区提示输入倒圆角半径,输入 5 后,按 Enter 键。

(4) 主菜单弹出"定义平面"子菜单。

(5) 选择"Z=Const"选项,根据提示输入平面的 Z 坐标为 50。

(6) 确定平面法向,单击"确定"按钮。构建出来的倒圆角结果如图 5-42 所示。

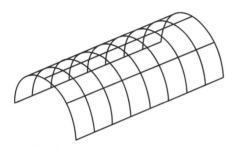

图 5-41 原始曲面图

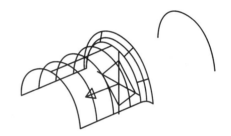

图 5-42 平面与曲面间倒圆角结果

二、曲线与曲面间倒圆角

曲线与曲面间的倒圆角用于在已存在的曲线和曲面之间产生一个倒角圆曲面。操作步骤如下。

1. 准备好原始曲面和曲线

Z 设置为 0,在前视图构图面上绘制一个圆心位于(0,0)点、半径为 25 的半圆弧,将其牵引 100 个长度,并在俯视图构图面上绘制一条曲线(注意不要与曲面相隔太远),如图 5-43 所示。

2. 曲面与曲线间倒圆角

(1) 在主菜单中选择"绘图→曲面→倒圆角→曲线/曲面(Create→Surface→Fillet→Curve/Surf)"。

(2) 选择曲面,选择"执行(Done)"选项。

(3) 输入倒圆角半径为 20 后,按 Enter 键。

(4) 选择曲线。这时系统显示出该曲线的串连方向,可以通过选择"左侧(Left)"或"右侧(Right)"选项来定义在曲线的哪一侧进行倒圆角操作,在此选择"左侧(Left)"选项。

(5) 选择执行,系统完成操作。

构建出来的倒圆角结果如图 5-44 所示。

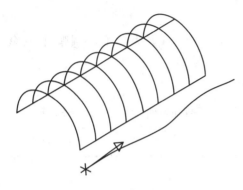

图 5-43　原始曲面与曲线图

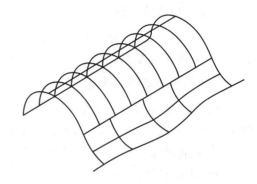

图 5-44　曲线与曲面倒圆角结果

三、曲面与曲面间倒圆角

曲面与曲面间的倒圆角用于在已存在的曲面和曲面之间产生一个倒圆角的曲面。操作步骤如下。

1. 准备好原始曲面

原始曲面如图 5-45 所示。

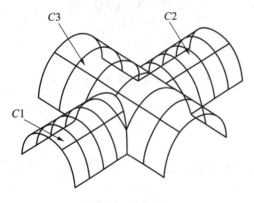

图 5-45　原始曲面图

2. 曲面与曲面间倒圆角

（1）在主菜单中选择"绘图→曲面→倒圆角→曲面/曲面（Create→Surface→Fillet→Surf/Surf）"。

（2）在绘图区选择曲面 C1、C2 作为第一组曲面，选择"执行（Done）"选项。

（3）选择曲面 C3 作为第二组曲面，选择"执行（Done）"选项。

（4）输入倒角圆半径为 15，按 Enter 键。

（5）选择"正向切换→循环"，分别设置 C1、C2、C3 等 3 张曲面的法向方向指向曲面外边，如图 5-46 所示，选择"执行"。曲面倒圆角结果如图 5-47 所示。

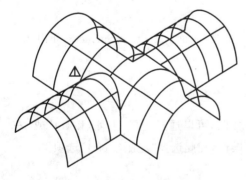

图 5-46　设置曲面的法向方向

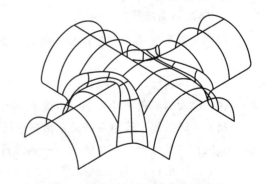

图 5-47　曲面与曲面间倒圆角结果

◀ 任务 11　曲面偏移 ▶

曲面偏移是将曲面沿着其法线方向按给定距离移动所得到的新曲面。操作步骤如下。

（1）在主菜单中选择"绘图→曲面→偏移（Create→Surface→Offset）"。

（2）选择曲面，或选择"所有的→曲面（All→Surfaces）"，选择"执行（Done）"选项。

（3）显示"曲面偏置（Offset）"子菜单。

（4）选择"偏置距离（Offset Dist）"选项，输入偏移距离。

（5）将"处理方式"设置为 K，选择"执行（Do it）"选项，系统即完成偏移操作。

◀ 任务 12　修整/延伸曲面 ▶

曲面的修整或延伸是指将已存在的曲面根据另一个曲面或曲线的边界进行修整。

一、修整至曲线

1. 准备原始曲面和曲线

设置构图面为俯视图，Z 深度为 −25，绘制一个半径为 20、圆心为（0，0）的圆，并以此圆构建牵引曲面，牵引长度为 50。

设置构图面为前视图，Z 深度为 30，绘制一个半径为 10、圆心为（0，0）的圆，如图 5-48 所示。

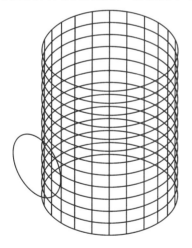

图 5-48　准备好的原始曲面和曲线

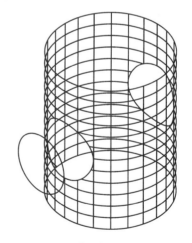

图 5-49　曲面修整后的结果

2. 进行曲面修整（构图面之正交方向）

构图面设置为前视图。在主菜单中选择"绘图→曲面→修整/延伸→修整至曲线（Create→Surface→Trim/Extend→to Curves）"。选择圆柱面作为被修整曲面，选择"执行（Done）"选项。选择 R10 圆作为边界，选择"执行（Done）"选项，选择"投影方式"为 V，系统提示选择要保留的曲面，选择曲面后将移动箭头拖至曲线边界之外，单击两次，完成修整。

曲面修整后的结果如图 5-49 所示。

二、修整至平面

该选项是通过定义一个平面,使用该平面将选择的曲面切开并保留与平面法线方向一致的曲面。操作步骤如下。

1. 准备原始曲面和曲线

设置构图面为俯视图,Z 深度为 -25,绘制一个半径为 20、圆心为 $(0,0)$ 的圆,并以此圆构建牵引曲面,牵引长度为 50,如图 5-50 所示。

2. 进行曲面修整

(1) 在主菜单中选择"绘图→曲面→修整/延伸→修整至平面（Create→Surface→Trim/Extend→to Plane）"。

(2) 选择曲面,选择"所有的→曲面（All→Surfaces）"后,选择"执行（Done）"选项。

(3) 选择修整平面,选择"Z＝Const"选项,输入 Z 坐标值为 0,按 Enter 键。

(4) 选择箭头向下,单击"OK"按钮,选择"执行（Do it）"选项,结果只保留圆台上部;若箭头向上,选择"确定（Do it）"选项,结果只保留圆台下部,如图 5-51 所示。

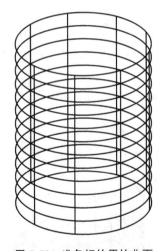

图 5-50 准备好的原始曲面

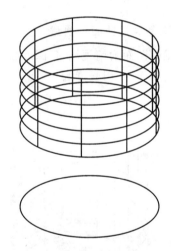

图 5-51 曲面修整至平面后的结果

三、修整至曲面

该选项是通过选择两组曲面（其中一组曲面必须只有一个曲面）,将其中的一组或两组曲面在两组曲面的交线处断开后选择需要保留的曲面。操作步骤如下。

1. 准备原始曲面

原始曲面如图 5-52 所示。

2. 进行曲面修整

(1) 在主菜单中选择"绘图→曲面→曲面修整→修整至曲面（Create→Surface→Trim/Extend→to Surface）"。

（2）选择第一组曲面 A，选择"执行(Done)"选项。

（3）选择第二组曲面 B，选择"执行(Done)"选项。

（4）选择"选项(Options)"选项，在"选项"对话框的"原始曲面(Original Surface)"栏中选择"删除(Delete)"按钮，在"修整曲面(Trim Surfaces)(s)"栏中选择"1"按钮。

（5）单击"OK"按钮后，选择"执行(Do it)"选项，用鼠标选择要保留的曲面（单击两次），完成修整。曲面修整后结果如图 5-53 所示。

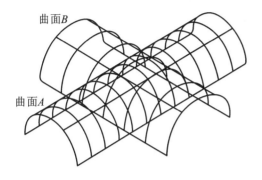

图 5-52 准备好的原始曲面

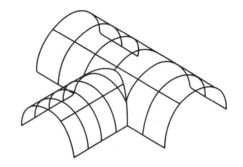

图 5-53 曲面修整后的结果

四、平面修整

平面修整是指通过指定的边界构建一个平的曲面。操作步骤如下。

1. 准备外形边界

准备好如图 5-54 所示的外形边界。

2. 平面修整

选择"绘图→曲面→曲面修整→平面修整"，串连如图 5-54 所示的外形边界，选择"执行"选项。平面修整后结果如图 5-55 所示。

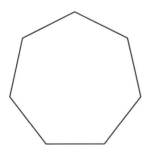

图 5-54 外形边界

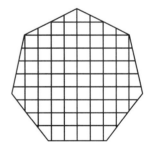

图 5-55 平面修整后的结果

五、曲面延伸

曲面延伸是将选择的曲面沿着曲面边界按指定距离延伸。操作步骤如下。

（1）在主菜单中选择"绘图→曲面→修整/延伸→曲面延伸(Create→Surface→Trim/Extend→Extend)"。

(2) 在主菜单区弹出"延伸曲面"子菜单。

(3) 设置后,选择延伸曲面,当移动箭头至被选边界时,单击鼠标左键。

(4) 选择"指定长度(Length)"选项,输入延伸距离。

(5) 选择"执行(Do it)"选项,完成延伸曲面。

◀ 任务 13　曲面熔接 ▶

曲面熔接生成一个或多个平滑的曲面,这些曲面可连接两个或三个曲面,并且分别与这几个曲面相切。

曲面熔接方式有三种:两曲面熔接(2 Surf Blnd)、三曲面熔接(3 Surf Blnd)和倒圆角曲面熔接(Fillet Blnd)。

一、两曲面熔接

两曲面熔接可以在两曲面间产生一个顺接曲面,使两曲面的主要表面光滑过渡。操作步骤如下。

(1) 在主菜单中选择"绘图→曲面→下一页→两曲面熔接(Create→Surface→Next Menu→2 Surf Blnd)"。

(2) 根据提示选择圆柱面,屏幕出现一个箭头。

(3) 根据提示移动箭头至熔接位置,单击鼠标左键,箭头处出现一个固定的大箭头,该箭头方向可以通过选择菜单中的"切换方向(Flip)"选项来改变。

(4) 用同样方法确定第二个熔接曲线,重复步骤(2) 和(3)。

(5) 选择"OK"选项,弹出"两曲面熔接"子菜单。

(6) 设置后,选择"执行(Do it)"选项,结束熔接。

二、三曲面熔接和倒圆角曲面熔接

三曲面熔接是将三个曲面光滑地熔接起来构建一个或多个曲面。在主菜单中选择"绘图→曲面→下一页→三曲面熔接(Create→Surface→Next Menu→3 Surf Blnd)",可以构建三曲面熔接,此时,弹出的"三曲面熔接(3 Surf Blnd)"子菜单中的选项和含义与"两曲面熔接"的子菜单相同,操作方法也一样。

三个倒圆角曲面熔接与三曲面熔接的功能相似。

◀ 任务 14　曲面曲线 ▶

曲面曲线是指通过已有的曲面或平面来生成的曲线。

在主菜单中选择"绘图→曲面曲线",弹出"曲面曲线"菜单,如图 5-56 所示。其中共有十种曲面曲线,具体功能如下。

一、指定位置

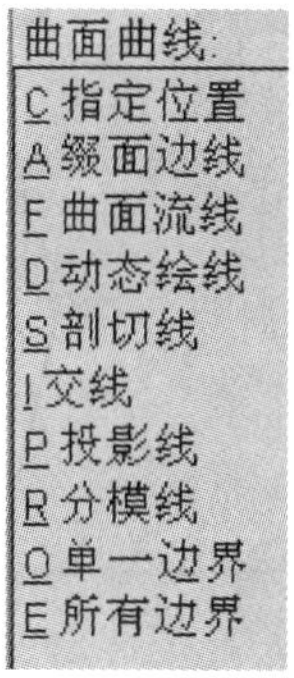

该选项能在曲面的指定位置上生成曲线。

二、缀面边线

该选项能在参数式曲面上构建网格状曲线。

三、曲面流线

该选项能在曲面流线方向生成曲线。

图 5-56 曲面曲线菜单

四、动态绘线

该选项能用鼠标指针在曲面上任意取点生成曲线。

五、剖切线

剖切线是用平面对曲面进行剖切来生成的曲线。

在主菜单中选择"绘图→曲面曲线→剖切线→选择曲面后执行→选择某一平面→设置参数→执行",如图 5-57 所示。

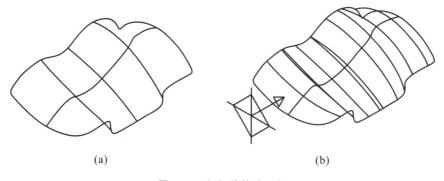

(a)   (b)

图 5-57 剖切线构建示例

六、交线

交线用于在两组相交曲面间构建曲面的交线。

在主菜单中选择"绘图→曲面曲线→交线→选择某一曲面后执行→选择另一曲面→设置参数→执行",如图 5-58 所示。

七、投影线

投影线是将外形轮廓投影到曲面而得到的投影曲线或投影曲面曲线。

投影线的构建方法有两种:以垂直于构图平面的法线方向进行投影和垂直于曲面的法线方向进行投影。

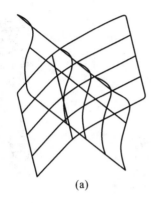 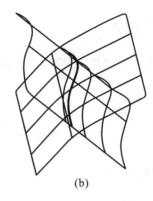

(a)　　　　　　　　　　　　　　　(b)

图 5-58　两曲面构建交线示例

在主菜单中选择"绘图→曲面曲线→投影线→选择将要投影到的曲面→执行→选择需要投影的外形→设置参数→执行",如图 5-59 所示。

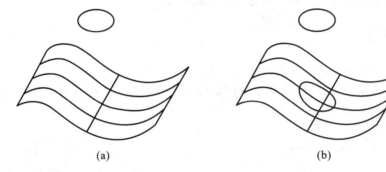

(a)　　　　　　　　　　　　　　　(b)

图 5-59　投影线的构建示例

八、分模线

分模线是以平行于构图平面的平面去交截曲面模型,得到的最大截面处的曲线。

九、单一边界

单一边界可用于构建曲面的边缘曲线。

在主菜单中选择"绘图→曲面曲线→单一边界",选择如图 5-60(a)所示的曲面,移动鼠标至曲面的适当边界如图 5-60(b)所示,按 Esc 键退出。此时曲面的边界曲线构建如图 5-60(c)所示。

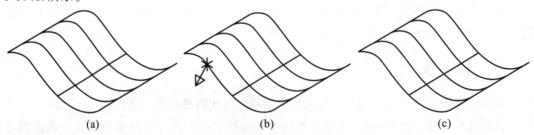

(a)　　　　　　　　　　(b)　　　　　　　　　　(c)

图 5-60　单一边界构建示例

十、所有边界

所有边界用于构建曲面的所有边界曲线。

◀ 任务 15 曲面构建综合实例 ▶

在现实世界中,大部分的物体由多个曲面组成,因此在构建的时候要使用多种构建方法来进行复合造型,从而形成复合曲面模型。

下面通过几个实例来讲解复合曲面模型的构建步骤及方法。

绘制如图 5-61 所示的线架图。

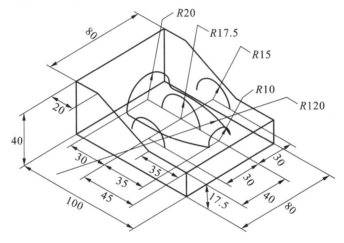

图 5-61　复合曲面模型线架图

1. 隐藏尺寸标注

在主菜单中选择"屏幕→隐藏图素→所有的→限定",单击"全部清除(Clear All)",单击"尺寸标注",单击"确定"按钮,如图 5-62 所示。

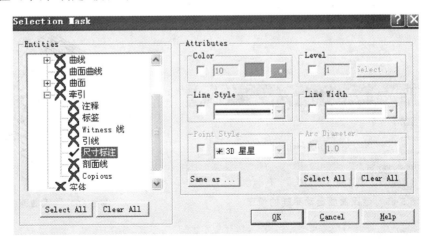

图 5-62　隐藏限定的图素

2. 层别

选择层别为4(层别名为曲面)。

3. 作三个直纹曲面

在主菜单中选择"绘图→曲面→直纹曲面→单体",在位置1选择直线,如图5-63所示,在位置2选择直线。选择好曲面形式和计算误差值,选择"执行"。

采用同样的方法重复在位置3和4、位置5和6选择直线,结果生成三个直纹曲面。

在主菜单中选择"屏幕→曲面显示→显示密度→输入数值→全部曲面",这样可以改变曲面的显示密度。

4. 作一个举升曲面

在主菜单中选择"绘图→曲面→举升曲面→单体",在位置1、2、3选择圆弧,如图5-64所示。选择"执行",结果生成一个举升曲面。

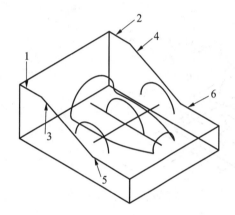

图5-63 三个直纹曲面的生成

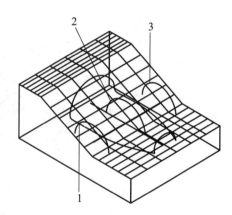

图5-64 生成举升曲面

5. 作一个昆氏曲面

在主菜单中选择"绘图→曲面→昆氏曲面",在弹出的"昆氏曲面自动串连之设定"对话框中选择"是"(自动串连,如图5-65所示),选择左上角的交点位置1和2,选择右下角位置3,如图5-66所示,选择"执行",结果生成一个昆氏曲面。

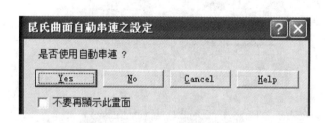

图5-65 昆氏曲面自动串连的设定

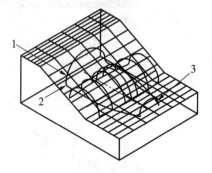

图5-66 昆氏曲面的生成

6. 曲面倒圆角

在主菜单中选择"绘图→曲面→曲面倒圆角→曲面/曲面",选择曲面 1,如图 5-67 所示,选择"执行",选择曲面 2,选择执行,输入圆角半径 5,设置修剪曲面为 Y,选择"正向切换→循环→切换方向→确定(保证曲面 1 法向向下)→切换方向→确定(保证曲面 2 法向向内)→执行"(正确选择好曲面的法向方向,才能生成需要的曲面圆角),最终生成一个曲面圆角。

在主菜单中选择"绘图→曲面→曲面倒圆角→曲面/曲面",选择昆氏曲面 3,如图 5-67 所示,选择"执行",选择举升曲面 4,选择"执行",输入圆角半径 5,设置修剪曲面为 N,选择"正向切换→循环→切换方向→确定(保证曲面 3 法向向外)→切换方向→确定(保证曲面 4 法向向外)→执行",最终生成左右两个曲面圆角,如图 5-68 所示。

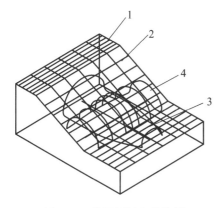

图 5-67 曲面倒圆角的绘制

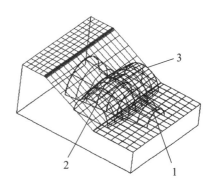

图 5-68 边界平面修整

7. 作三个边界平面

在主菜单中选择"绘图→曲面→曲面修整→平面修整→手动输入",选择"昆氏曲面",移动鼠标把箭头移向曲面的边界线位置 1,如图 5-68 所示,单击"结束选择",在弹出的"警告"对话框中选择"是"(自动封闭,见图 5-69),结果生成一边界曲面。同样选择位置 2 和 3,生成另外两个边界曲面。给曲面着色,结果生成一个综合曲面,如图 5-70 所示。

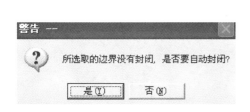

图 5-69 选择是否封闭边界

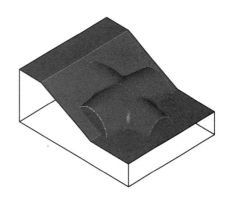

图 5-70 最终综合曲面的生成

项目 6
三维实体造型

◀ **项目摘要**

　　通过本项目的学习,掌握三维实体造型的构建和编辑命令的使用方法,包括挤出实体、旋转、扫掠、举升、倒圆角、倒角、薄壳、布林运算、牵引面、修整实体等,并能在此基础上,完成复杂三维实体的构建。通过对任务 13 中几个典型三维实体构建方法的学习和模仿,掌握构建各种三维实体模型的基本方法。

　　与线框造型、曲面造型相比,利用实体造型的方法来描述物体,能更全面地反映物体的所有属性,如体积、重量、重心等。因此,实体造型可以为设计、工程分析、制造(CAD/CAE/CAM)一体化的应用提供一个统一的数学模型。实体造型方法正得到越来越广泛的应用。

◀ 任务1 构建挤出实体 ▶

挤出(Extrude)是指把事先构建好的二维闭合曲线链沿着指定的方向进行拉伸的造型,既可进行实体材料的增加,也可进行实体材料的切除。操作步骤及示例如下。

在主菜单中单击"实体",弹出"建立实体"菜单,如图6-1所示。准备好外形图素,如图6-2所示,选择"挤出",在"选取图素"菜单中单击"串连",串连如图6-3所示所需图素。选择"执行",确定如图6-4所需拉伸的方向。选择"执行",在弹出的图6-5所示的"挤出实体的参数设定"对话框中设置好相对应的参数,单击"确定"按钮,生成如图6-6所示的挤出实体图形。

图6-1 "建立实体"菜单

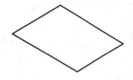

图6-2 外形图素

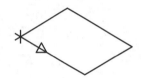

图6-3 串连外形

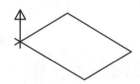

图6-4 确定拉伸方向

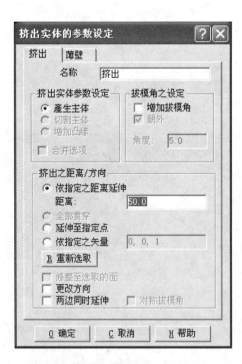

图6-5 "挤出实体的参数设定"对话框

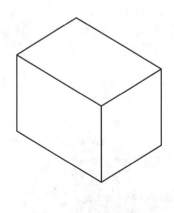

图6-6 生成挤出实体

在"挤出实体的参数设定"对话框中单击"薄壁"选项卡,弹出如图 6-7 所示的对话框,用于设置挤出时产生薄壁。生成实体薄壁特征如图 6-8 所示。

图 6-7 "薄壁"选项卡

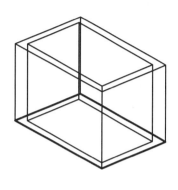

图 6-8 生成薄壁实体

◀ 任务 2 旋 转 ▶

旋转(Revolve)是指把二维平面曲线链绕着轴线以指定的角度进行旋转的实体造型。既可通过旋转构建主体,也可产生凸缘或切割实体。操作步骤及示例如下。

准备好外形图素,如图 6-9 所示,然后在主菜单中单击"实体",弹出"建立实体"菜单,选择"旋转",在"选取图素"菜单中单击"串连",串连如图 6-9 所示外形曲线链。

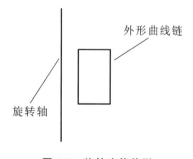

外形曲线链

旋转轴

图 6-9 旋转实体外形

选择"执行",选择图 6-9 中旋转轴线,在旋转实体菜单中单击"执行",在弹出的旋转实体对话框中设置好参数,如图 6-10 所示。单击"确定"按钮,则产生如图 6-11 所示的旋转实体。

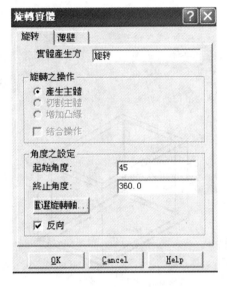

图 6-10 "旋转实体"对话框

图 6-11 旋转实体

◀ 任务3 扫　　掠 ▶

扫掠(Sweep)是指用封闭的平面曲线链(即截面曲线链)沿着一条曲线链(即路径曲线链)平移和旋转构建的实体特征。扫掠可以构建主体,也可以产生凸缘或切割实体。操作步骤及示例如下。

准备好外形图素,如图 6-12 所示,然后在主菜单中单击"实体",弹出"建立实体"菜单,选择"扫掠",在"选取图素"菜单中单击"串连",串连如图 6-12 所示的截面曲线链。

选择"执行",选择"好路径曲线链",在弹出图 6-13 所示的"扫掠实体的参数设置"对话框中,设置好参数,单击"确定"按钮,则产生了图 6-14 所示的扫掠实体。

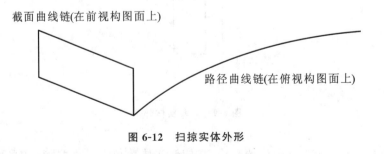

截面曲线链(在前视构图面上)

路径曲线链(在俯视构图面上)

图 6-12 扫掠实体外形

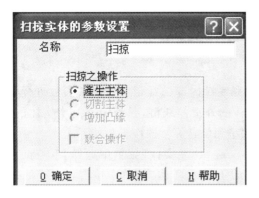

图 6-13 "扫掠实体的参数设置"对话框

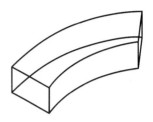

图 6-14 扫掠实体

◀ 任务 4 举 升 ▶

举升(Loft)是指将多个闭合的平面曲线链通过直线或曲线过渡的方式构建的实体特征。举升既可构建主体,也可产生凸缘或切割实体。操作步骤及示例如下。

准备好外形图素,如图 6-15 所示,然后在主菜单中单击"实体",弹出"建立实体"菜单,选择"举升",在"选取图素"菜单中单击"串连",分别串连如图 6-15 所示三条截面曲线链。选择"执行",弹出图 6-16 所示的"举升实体的参数设定"对话框,设置好参数,单击"确定"按钮,即可产生如图 6-17 所示的举升实体。

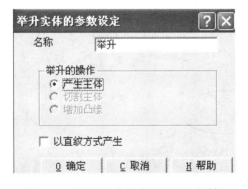

图 6-15 扫掠实体外形

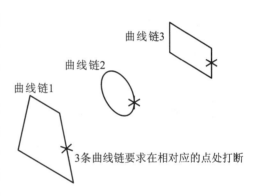

图 6-16 "举升实体的参数设定"对话框

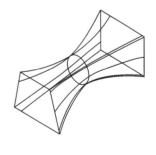

图 6-17 举升实体

◀ 任务5 基本实体 ▶

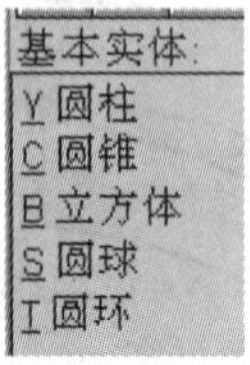

基本实体:
Y 圆柱
C 圆锥
B 立方体
S 圆球
T 圆环

图6-18 "基本实体"菜单

基本实体(Primitives)是系统内部已经定义好的由参数进行驱动的实体。用户不需要定义实体的外形曲线链,只需定义基本实体的参数,就可以确定实体的形状、大小和位置等。操作步骤如下。

在主菜单中单击"实体",在"建立实体"菜单中选择"下一页",选择"基本实体",在图6-18所示的"基本实体"菜单中单击相对应的基本实体,设置好参数,即可产生基本实体。

一、圆柱

圆柱体的构建菜单及参数如图6-19所示。"圆柱"菜单中轴向可通过图6-20所示的"轴向"菜单来指定。

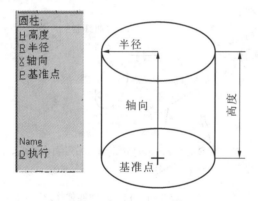

图6-19 圆柱体的构建菜单及参数

图6-20 "轴向"菜单

二、圆锥

圆锥体的构建菜单及参数如图6-21所示。

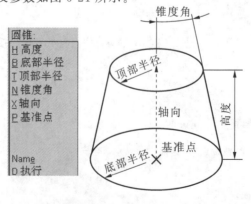

图6-21 圆锥体的构建菜单及参数

三、立方体

立方体的构建菜单及参数如图 6-22 所示。

四、圆球

圆球体的构建菜单及参数如图 6-23 所示。

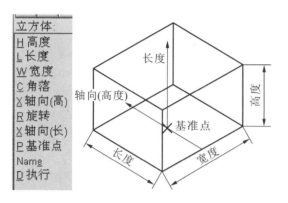

图 6-22　立方体的构建菜单及参数

图 6-23　圆球体的构建菜单及参数

五、圆环

圆环体的构建菜单及参数如图 6-24 所示。

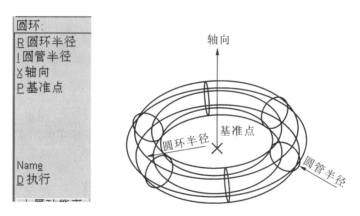

图 6-24　圆环体的构建菜单及参数

◀ 任务6　倒　圆　角 ▶

倒圆角（Fillet）是指在实体边缘通过圆弧曲面进行过渡。倒圆角特征一般是在实体造型的最后过程中构建。操作步骤及示例如下。

准备好图 6-25(a)所示的实体,在主菜单中单击"实体",在"建立实体"菜单中选择"倒圆角",选择图 6-25(a)所示的边线,单击"执行",在弹出的图 6-26 所示的"倒圆角之参数设定"对话框中设置好倒圆角半径后,单击"确定"按钮,则产生图 6-25(b)所示倒圆角特征。

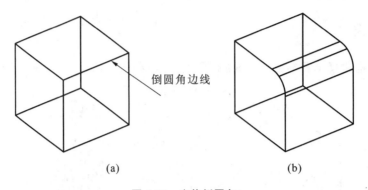

(a) (b)

图 6-25 实体倒圆角

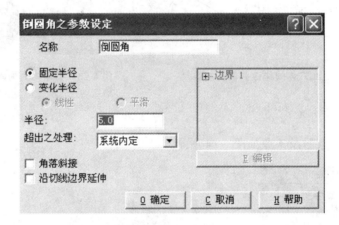

图 6-26 "倒圆角之参数设定"对话框

说明:

实体倒圆角,可以选择实体的边界、实体表面、实体的主体等实体图素。在 MasterCAM中可通过图 6-27 所示的光标进行表示。

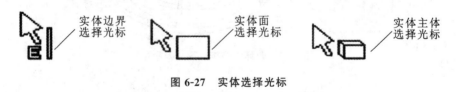

图 6-27 实体选择光标

◀ 任务 7 倒   角 ▶

倒角(Chunfer)是指对实体边缘倒棱角。MasterCAM 中实体倒角有三种方式:单一距离、不同距离和距离/角度等,其操作过程基本相同。操作步骤及示例如下。

准备好如图 6-28 所示的实体,在主菜单中单击"实体",在"建立实体"菜单中选择"倒角",选择如图 6-28 所示的边线,单击"执行",在弹出的图 6-29 所示的倒角菜单中选择一种倒角方式,设置好相关参数后单击"确定"按钮,则可产生倒角特征图,如图 6-30 所示。

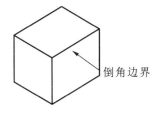

倒角边界

图 6-28　实体倒角边界

图 6-29　实体倒角菜单

图 6-30　实体倒角结果

◀ 任务 8　薄　　壳 ▶

薄壳(Shell)是指将实体的内部掏空,成为空心壳体。操作步骤及示例如下。

准备好如图 6-31(a)所示的实体。在主功能表中单击"实体",在建立实体菜单中选择"薄壳",选择实体的上表面,单击"执行",在弹出的如图 6-32 所示的"薄壳实体"对话框中设置好相关参数,单击"确定"按钮,则可产生薄壳特征图,如图 6-31(b)所示。

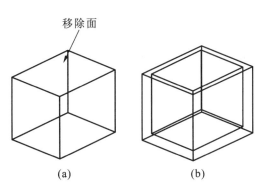

移除面

(a)　　　　(b)

图 6-31　薄壳实体

图 6-32　"薄壳实体"对话框

◀ 任务 9　布林运算 ▶

布林运算(Boolean)是指通过结合、切割、交集的方法将多个实体合并为一个实体的操作。在布林运算中所选择的第一个实体为目标主体,其余的为工件主体,运算后的结果为一个实体。操作步骤及示例如下。

准备好如图 6-33 所示的实体,在主菜单中单击"实体",在"建立实体"菜单中选择"布林运算",在如图 6-34 所示的"布林运算"菜单中选择"结合",选择第一个实体为目标主体,选择第二个实体为工件主体,单击"执行",则可产生布林运算后的结果,如图 6-35 所示。

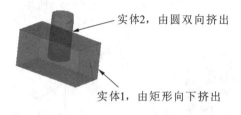

实体2,由圆双向挤出

实体1,由矩形向下挤出

图 6-33　选择实体布林运算

图 6-34　"布林运算"菜单

实体1和实体2进行结合运算

图 6-35　结合布林运算后的结果

切割与交集的操作同结合的操作相类似,结果如图 6-36、图 6-37 所示。

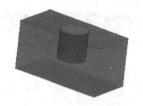

图 6-36　切割布林运算后的结果

图 6-37　交集布林运算后的结果

◀ 任务 10　牵　引　面 ▶

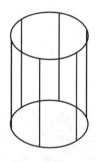

图 6-38　待牵引实体

牵引面(Draft faces)是指对实体表面进行拔模,此特征多用于模具模型的构建中。操作步骤及示例如下。

准备好如图 6-38 所示的实体,在主菜单中选择"实体→下一页→选择牵引面",选择如图 6-38 所示的圆周表面作为需牵引的面,单击"执行",在弹出的如图 6-39 所示的"实体牵引面之参数设定"对话框中选择"牵引至实体面",设置好牵引角度后单击"确定"按钮,选择如图 6-38 所示的实体的上表面为牵引面,按默认的牵引方向,单击"确定"按钮,则可产生如图 6-40 所示的牵引特征。

图 6-39 "实体牵引面参数设定"对话框   图 6-40 牵引实体

◀ 任务 11　修整实体 ▶

修整实体(Trim)是指利用平面或曲面对实体进行剪切的操作。操作步骤及示例如下。

准备好实体及一个与此实体完全交截的曲面,如图 6-41 所示,在主菜单中选择"实体→下一页→修整",在"修整实体"菜单中单击"选择曲面",选择图 6-41 所示的曲面,在"修整实体"菜单中选择"换向",确定箭头方向朝下,表示此侧实体将被保留,选择"执行",修整后实体如图 6-42 所示。

图 6-41　实体和曲面

图 6-42　修整后实体

◀ 任务 12　实体管理器 ▶

利用 MasterCAM 可以很方便地对文件中的实体或实体操作进行编辑。在主菜单中选择"实体",系统弹出如图 6-43 所示的"实体管理"对话框。对话框中用树状结构列出了当前图形窗口中的三维实体的所有操作。双击某个实体或操作名即可打开或关闭对应的操作。用户可以通过单击鼠标右键对其操作进行编辑,如删除实体、隐藏实体、改变实体操作顺序、编辑实体操作的参数以及编辑实体操作的几何形状等。

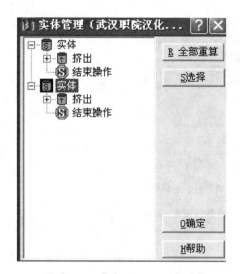

图 6-43 "实体管理"对话框

◀ 任务 13 三维实体建模实例 ▶

一、实例一——烟灰缸的实体建模

1. 构建基本轮廓

选择层别为 1(层别名为线框),选择构图面为 T(俯视图)。

选择"回主功能表→绘图→矩形→选项",在"矩形之选项"对话框中设置宽度、高度均为 100,选择一点,设置好参数半径 20,选择原点(0,0)。

按 Esc 键返回上层功能表,此时绘制出的矩形如图 6-44 所示。

选择"回主功能表→转换→串连补正",串连选择图 6-44 外形(注意串连方向的选择,如果方向相反,可通过换向来进行切换),选择执行,在对话框中设置为右补正,距离等于 10,单击"确定"按钮。此时补正后的图形如图 6-45 所示。

图 6-44 绘制出的矩形

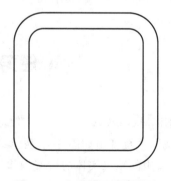

图 6-45 串连补正后的图形

选择构图面为 F(前视图),选择视角为 I(等角视图),设置 Z 值为 0。

选择"回主功能表→绘图→圆弧→点直径圆→输入直径为 7.8→原点(0,0)",按 Esc 键返回上层功能表,此时图形如图 6-46 所示。

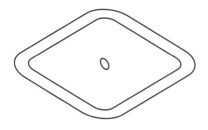

图 6-46 前视图构建 $\phi 7.8$ 圆

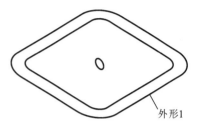

图 6-47 选择外形 1

2. 构建烟灰缸主体模型

选择层别为 2(层别名为实体),选择构图面为俯视图,选择视角为等角视图。

选择"回主功能表→实体→挤出",串连选择图 6-47 所示的外形 1,选择"执行",在"挤出之方向"菜单中选择"R 反向",使挤出方向向下,选择"执行",在弹出的"挤出实体之参数设定"对话框中,设置好拔模角度和挤出距离,如图 6-48 所示,单击"确定"按钮。此时挤出实体构建出来的结果如图 6-49 所示。

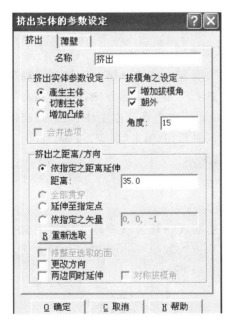

图 6-48 "挤出实体的参数设定"对话框

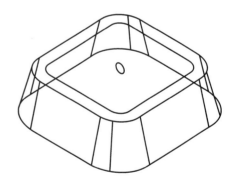

图 6-49 构建挤出实体

3. 构建烟灰缸内腔

选择"回主功能表→实体→挤出",串连选择内面矩形,选择"执行",在"挤出之方向"菜单中,选择"R 反向",使挤出方向朝下,选择"执行",在弹出的"挤出实体的参数设定"对话框中设置好切割主体、拔模角度和挤出距离,如图 6-50 所示,单击"确定"按钮。

此时构建出的挤出切割(烟灰缸内腔)的图形,如图 6-51 所示。

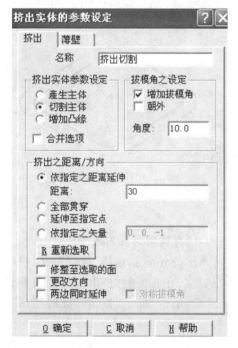

图 6-50　挤出切割实体参数设定

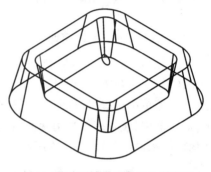

图 6-51　挤出切割(烟灰缸内腔)

4. 构建圆柱形主体

选择"回主功能表→实体→挤出",选择直径为7.8的圆,选择"执行",确定挤出方向,选择"执行",在图 6-48 所示对话框中选择产生主体、设置挤出距离 60、选择两边同时延伸,单击"确定"按钮。此时实体模型如图 6-52 所示。

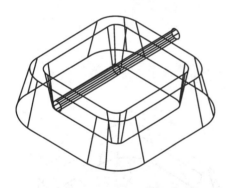

图 6-52　构建圆柱体

5. 复制圆柱体

选择构图面为俯视图。

选择"回主功能表→转换→旋转→仅某图素→实体",选择上一步绘制出的圆柱体,选择"执行",选择"原点",如图 6-53 设置好处理方式及旋转角度,单击"确定"按钮。此时复制好的圆柱体如图 6-54 所示。

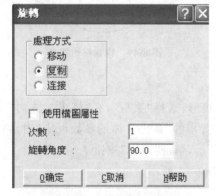

图 6-53　旋转参数设置

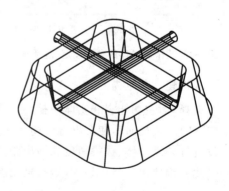

图 6-54　复制好的圆柱体

6. 布林运算

选择"回主功能表→实体→布林运算→切割",选择烟灰缸主体作为布林运算的目标主体,分别选择两个圆柱体作为布林运算的工件主体,在"点选实体图素"菜单中选择"执行"。布林运算的结果如图 6-55 所示。

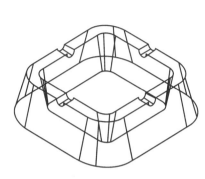

图 6-55　布林运算的结果

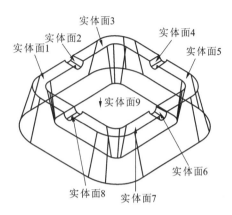

图 6-56　选择 9 个实体面

7. 实体倒圆角

选择"回主功能表→实体→倒圆角",在"点选实体图素"菜单中设置实体边界 N、实体面 Y、实体主体 N(即通过选择实体面来确定倒圆角边界),分别选择图 6-56 所示的 9 个实体面,选择"执行",如图6-57所示设置好倒圆角半径值为 4,单击"确定"按钮。此时倒圆角结果如图 6-58 所示。

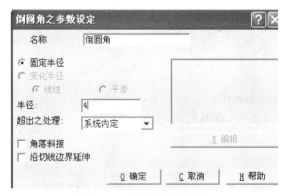

图 6-57　设置倒圆角参数

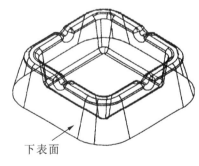

图 6-58　倒圆角结果

8. 实体薄壳

选择"回主功能表→实体→薄壳",在"点选实体图素"菜单中设置从背面 Y、实体面 Y、实体主体 N,选择图 6-58 所示的下表面(注意,事先应设置好可从背面选择,否则需要适当旋转实体才能选择下表面),选择"执行",如图 6-59 所示设置好薄壁厚度为 2,单击"确定"按钮。此时,实体薄壳后结果如图 6-60 所示。

图 6-59　设置薄壁厚度

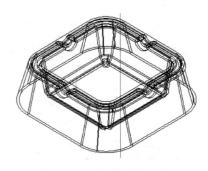

图 6-60　实体薄壳后的烟灰缸

二、实例二——椅座的实体建模

绘制椅座三维线框图,如图 6-61 所示。新建文件:椅座-线框.mc9。

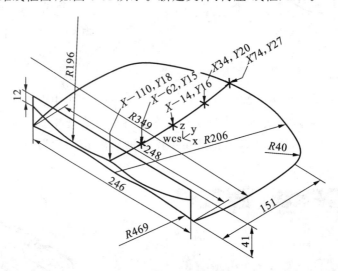

图 6-61　椅座三维线框图

注:R206 圆弧与 151 处平行线相交,再两点画 R349 圆弧,再倒 R40 圆角。

1. 生成椅座的基本主体(挤出实体)

设置工作层别为 3。选择"回主功能表→实体→挤出→串连",选择图 6-62 中的位置 1,选择"执行"。保证挤出方向向上,否则单击"全部换向"。正确后单击"执行"。在挤出参数设置框中设置挤出距离为 20,单击"确定"按钮。按快捷键 ALT+S,将实体着色,结果如图 6-63 所示。

2. 生成椅座面上形状(扫掠实体)

关闭着色。选择"实体→扫掠→串连",选择图 6-64 中的位置 1 为扫掠断面,结束选择,选择"执行";选择位置 2 为扫掠路径,如图 6-64 所示。设置扫掠参数如图 6-65 所示,选择切割主体方式,单击"确定"按钮。

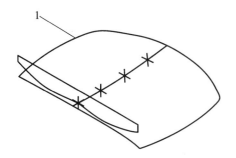

图 6-62　椅座三维线框(一)

图 6-63　挤出实体

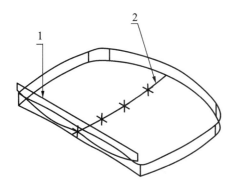

图 6-64　椅座三维线框(二)

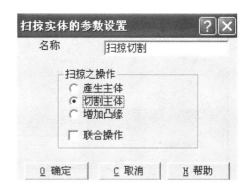

图 6-65　设置扫掠参数

将实体着色,结果如图 6-66 所示。

3.将椅座锐边倒圆角

1) 变半径倒圆角

关闭着色。选择"实体→倒圆角",设置实体边界为 Y,其余为 N,选择图 6-67 中图形的位置 1,选择"执行"。参数设置如图 6-68 所示,选择"变化半径"中的平滑方式。单击右边的边界 1,其树状结构被展开。单击其中的一个顶点,使边界端点 2 高亮,在半径输入栏输入 60;单击另一个顶点,端点 3

图 6-66　扫掠切割实体

高亮,输入半径 400。单击"编辑"按钮,单击"动态插入"按钮,选择位置 4,此时游标变成动态箭头,按下 S 键,打开快速抓取功能,移动箭头,选择存在点 5,输入半径 120,按 Enter 键;再单击动态插入,在靠近点 6 附近选择中心边线,按下 S 键,移动箭头,选择存在点 6,输入半径 240,按 Enter 键。

单击"完成"按钮,再次弹出"倒圆角之参数设定"对话框,如图 6-69 所示。单击"确定"按钮,结果如图 6-70 所示。

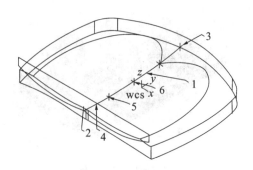

图 6-67　实体倒圆角初始图

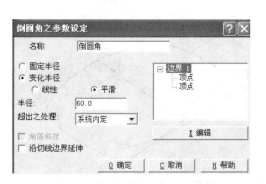

图 6-68　实体倒圆角参数设置

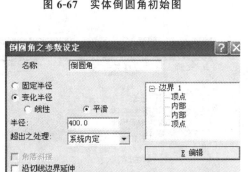

图 6-69　实体倒圆角的参数设定对话框

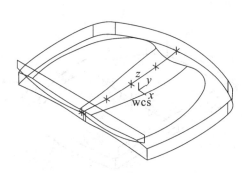

图 6-70　实体变半径倒圆角

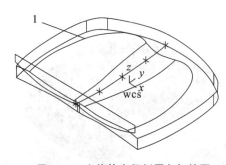

图 6-71　实体等半径倒圆角初始图

2）等半径倒圆角

选择"实体→倒圆角"，设置实体边界为 Y，其余为 N，选择图 6-71 中图形的位置 1，选择"执行"。

参数设置如图 6-72 所示，选择"沿切线边界延伸"。此功能的作用是以选择的边线为起始，沿着所有平滑相切的边线来延伸倒圆角，直到抵达非相切边线。即只要选择一条边线，那么凡头尾相切的边线都被选择，直到不相切处结束，此功能对于手动选择一连串图素非常有用。单击"确定"按钮，结果如图 6-73 所示。

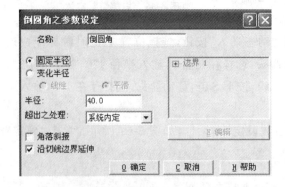

图 6-72　实体倒圆角参数设置

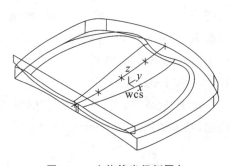

图 6-73　实体等半径倒圆角

3）等半径倒圆角

关闭层别 1、2。选择"实体→倒圆角",设置实体边界为 Y,其余为 N,选择图 6-74 中的位置 1、2、3,选择"执行"。参数设置如图 6-75 所示,超出的处理方式选择维持边界,单击"确定"按钮。

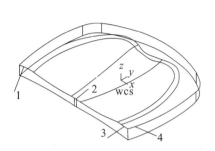

图 6-74　实体等半径倒圆角初始图

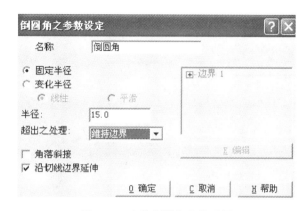

图 6-75　实体倒圆角参数设置

采用同样的倒圆角方法,选择位置 4,选择"执行"。参数设置如图 6-76 所示,单击"确定"按钮。将实体着色,如图 6-77 所示。

将最终结果存档,命名为:椅座-实体.mc9。

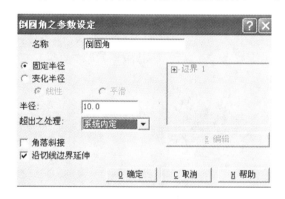

图 6-76　实体倒圆角参数设置

图 6-77　实体倒圆角

项目 7
CAM 加工基础

◀ **项目摘要**

通过本项目的学习,掌握在生成刀具路径之前对加工工件的大小、材料及刀具等参数进行设置,并学会操作管理、刀具路径模拟、仿真加工及后处理的方法。本项目可以和项目 8 结合起来学习。

CAD/CAM 系统的最终目的是要生成用户 CNC 控制器可以解读的 NC 程序,一般需要经过以下三个步骤:计算机辅助设计(CAD)、计算机辅助制造(CAM)及后处理(POST)。CAD 的功能是生成机械加工中工件的几何模型;CAM 的功能是生成一种通用的刀具位置(刀具路径)的数据文件(NCI 文件),该文件中还包含有加工中进刀量、主轴转速、冷却控制等指令;后处理的功能则是使用 CNC 控制器相应的后处理器将 NCI 文件解译为用户 CNC 控制器可以解读的 NC 程序。在前面的项目中已经学习了有关 CAD 部分的内容,从本项目开始将介绍机械加工的有关知识。

在生成刀具路径之前,首先需要对要加工工件的大小、材料以及加工用的刀具等进行设置。

◀ **任务 1　工件设定** ▶

工件设定(Job Setup)用来设置当前的工作参数,包括毛坯(工件)的大小、原点和材料等。启动 MasterCAM 9.1 的 Mill 模块,在主菜单区中顺序选择"刀具路径→工件设定(Tools Paths)→工件设定(Job Setup)"后,弹出如图 7-1 所示的"工件设定(Job Setup)"对话框。用户可以使用该对话框来进行工件设定。

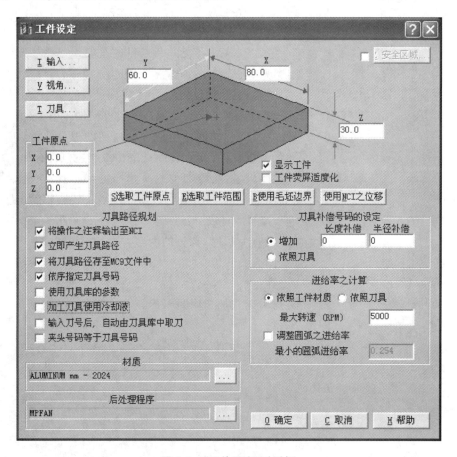

图 7-1　"工件设定"对话框

毛坯(工件)原点是通过求解毛坯上表面的中心点在绘图坐标系中的坐标来确定的。如图 7-2 所示。

MasterCAM 设定毛坯原点与确定毛坯范围可以采取以下 5 种方式。

(1) 直接在图 7-1 所示的"工件原点"输入框中输入毛坯中心点的 X、Y、Z 坐标值。毛坯范围则分别按 X、Y 和 Z 方向在图 7-1 中的输入框中输入。

(2) 在图 7-1 中单击"选取工件原点"按钮,系统将返回绘图区,并出现选点菜单。用鼠标指针选择图形上表面的中心点。系统即把该点作为毛坯原点返回"工作设定"对话框,并显示该点坐标。毛坯范围须在"X"、"Y"和"Z"输入框中输入。

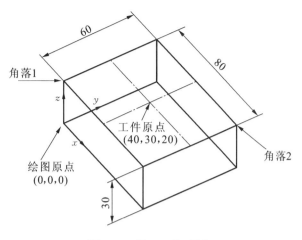

图 7-2 毛坯(工件)原点

(3)在图中单击"选取工件范围"按钮,系统回到绘图区并出现选点菜单,此时在绘图区选择如图 7-2 中所示工件的角落 1 和角落 2 作为对角点,确定毛坯的范围,系统返回"工作设定"对话框并自动显示工件毛坯的原点坐标值。

(4)在图 7-1 中单击"使用毛坯边界"按钮,回到绘图区,选择所绘工件图形在 X、Y、Z 三个方向的边界线(上下、前后和左右),然后选择"执行",系统将自动以图形边界为毛坯的范围,并计算出原点坐标。

(5)在图 7-1 中单击"使用 NCI 之位移"按钮,系统将自动计算出刀具路径的最大和最小坐标作为毛坯范围,并求出毛坯原点坐标。

在"工件设定"对话框中选择"显示工件",则显示工件图形,为红色虚线框。否则不显示工件。

◀◀ **任务 2 刀具设置** ▶▶

在使用 MasterCAM 时,可以直接从系统的刀具库中选择要使用的刀具,也可以对已有的刀具进行编修和重新定义,还可以自己定义新刀具并加入到刀具库中。

当在主功能表中选择"刀具路径"进行某项加工任务(如选择"外形铣削")时,系统会提示定义要加工的对象,按前面 CAD 章节中介绍的定义方法串连外形并选定加工对象后,选择"执行",此时系统弹出"刀具参数"对话框,如图 7-3 所示。

将鼠标指针移到图 7-3 所示的刀具区,单击鼠标右键,弹出图 7-4 所示的快捷菜单。再移动鼠标指针,用鼠标左键单击从刀具库中选择刀具,系统弹出图 7-5 所示的"刀具管理"对话框,移动下拉条从中选择要使用的刀具。如选择直径为 16 mm 的平刀,单击"确定"按钮即可选定该刀具。

确定所选刀具后,系统返回图 7-3 所示的"刀具参数"对话框。此时在对话框中的刀具区多了一把直径 16mm 的平刀。

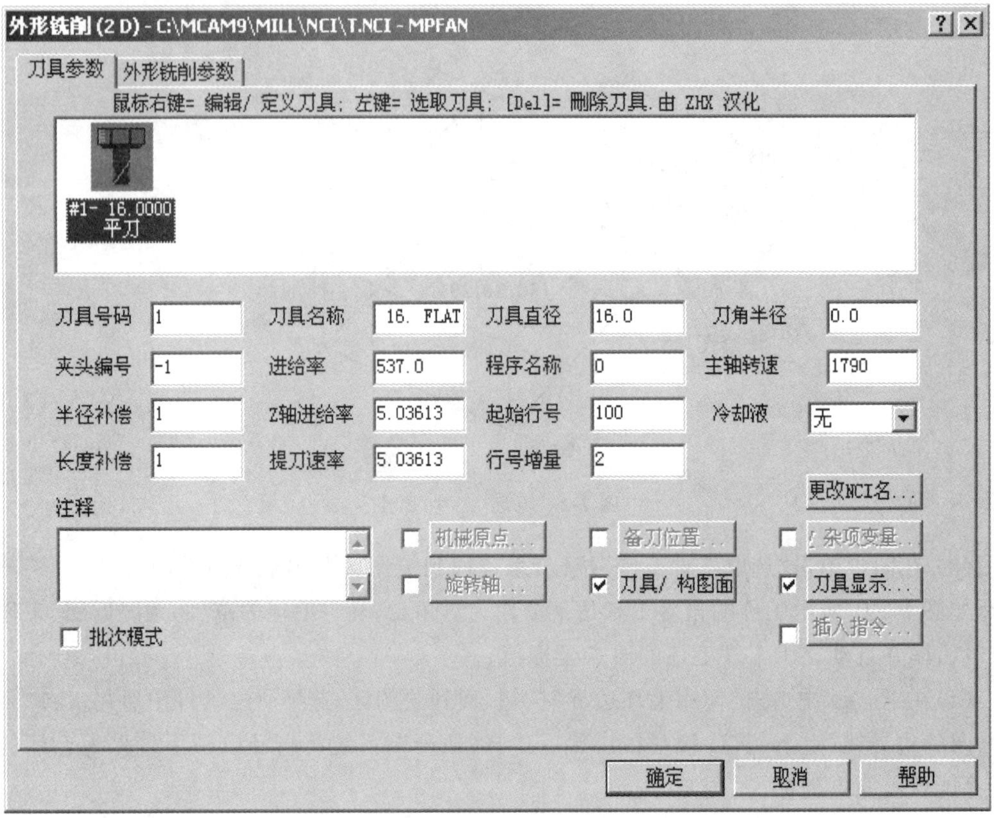

外形铣削 (2 D) - C:\MCAM9\MILL\NCI\T.NCI - MPFAN

刀具参数 | 外形铣削参数 |

鼠标右键= 编辑/ 定义刀具; 左键= 选取刀具; [Del]= 删除刀具. 由 ZHX 汉化

#1- 16.0000
平刀

刀具号码	1	刀具名称	16. FLAT	刀具直径	16.0	刀角半径	0.0
夹头编号	-1	进给率	537.0	程序名称	0	主轴转速	1790
半径补偿	1	Z轴进给率	5.03613	起始行号	100	冷却液	无
长度补偿	1	提刀速率	5.03613	行号增量	2

注释

更改NCI名...

□ 机械原点...   □ 备刀位置...   □ / 杂项变量...
□ 旋转轴...   ☑ 刀具/ 构图面   ☑ 刀具显示...

□ 批次模式   □ 插入指令...

确定   取消   帮助

图 7-3 "刀具参数"对话框

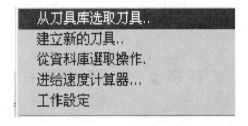

从刀具库选取刀具...
建立新的刀具..
从资料库选取操作.
进给速度计算器...
工作设定

图 7-4 右键快捷菜单

注意：

工件设定和刀具设置顺序不分先后。

工件设定过程中可进行刀具设置,刀具设置过程中也可进行工件设定。

图 7-5　"刀具管理"对话框

◀ 任务 3　操作管理 ▶

当用户已定义了某种加工操作,并选择"刀具路径→操作管理"后,或者在设定完加工参数后,系统会弹出如图 7-6 所示的"操作管理"对话框。

"操作管理"对话框中列出了当前已定义的所有操作。用户可以用鼠标指针选择一种操作,此时在该操作前会出现一个蓝色的"√",也可以选择全选来选中所有的操作。在选择部分或全部操作选项后(Ctrl + 某操作选项),就可以对其进行参数修改、重新计算、刀具路径模拟、实体验证、后处理以及高效加工等操作。另外,操作管理还提供最有效的鼠标快捷方式。下面分别对其进行介绍。

一、鼠标快捷方式

在图 7-6 所示的操作管理中,每一项操作都包括了操作名称(如外形铣削等)、参数、刀具定义、图形对象以及生成文档的大小和位置。如果要对某一项目进行修改,用户可直接单击其要修

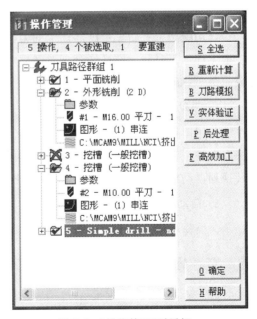

图 7-6　"操作管理"对话框

改的项目。

1. 单击操作名称

单击该项可以更改名称,双击该项还可以关闭操作显示的树状目录,关闭后除了操作名称外其他参数不再显示,再双击操作名称,目录又会展开。用鼠标左键按住某操作名称,上下移动可重新排序该操作。

2. 单击参数设置

单击该项,系统将返回该操作的参数设置对话框,用户可重新修改该操作的各项参数,设置完毕后,自动返回操作管理。对已生成的不正确的路径可以非常方便地进行反复修改。

3. 单击刀具定义

单击该项,系统将自动返回刀具定义参数对话框,如图7-3所示。用户可重新修改某一操作所用刀具的各项参数,修改完毕后,自动返回操作管理。

4. 单击路径模拟

单击该项,系统自动返回到刀具路径模拟菜单页,用户可直接对已生成的路径进行模拟。该功能与图7-6中右侧按钮"刀具路径模拟"的功能相同。

注意:

以上各项参数修改完成后,返回"操作管理"对话框时,相应的操作名称前会有一个红色的"×",必须选择"重新计算"才能保证修改生效。

另外,在操作区内还可使用鼠标右键快捷功能。在操作区内按鼠标右键会弹出如图7-7所示的快捷菜单,带有向右箭头者还有展开项,用户可根据需要选用。

二、刀具路径模拟

此功能用于重新显示已经产生的刀具路径,以确认其正确性,同时系统还会计算出理论上的工件加工时间。在操作管理对话框中(见图7-6),单击刀具路径模拟,系统将弹出路径模拟菜单,如图7-8所示。

1. 手动控制

每用鼠标左键单击该按钮一次,或者按S键,系统会显示一步刀具路径。若同时按下鼠标左右键可转换为自动控制,松开后又可继续执行手动控制。单击"自动执行"或按R键将转换到自动绘制路径。按Esc键,可停止绘制路径。

2. 自动控制

该操作可连续显示刀具路径。

三、实体切削验证

单击"操作管理"对话框中(见图7-6)的"实体验证"按钮,可对工件进行比较逼真的模拟切削,通过实体切削验证可以发现实际加工前某些存在的问题,以便编程人员及时修正,避免工件报废,甚至可以省去试切环节。

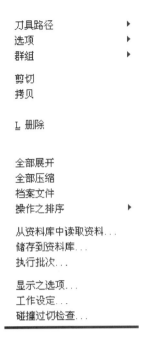

图 7-7　快捷菜单　　　　　　　　　　　　　图 7-8　路径模拟菜单

单击"实体验证"按钮后,系统弹出如图 7-9 所示的画面,绘图区中显示出设置的工件(毛坯)外形和实体切削验证工具条。

图 7-9　实体切削验证画面

四、执行后处理

在确认刀具路径没有错误后,就可以由刀具路径产生 NC 程序。选择某一操作或者部分操作,单击"操作管理"对话框(见图 7-6)中的"后处理"按钮,弹出图 7-10 所示的对话框。有关后处理的参数选项说明如下。

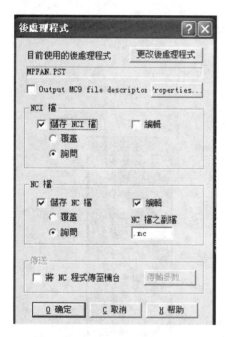

图7-10 执行后处理对话框

1. 更改后处理程序

对于不同的 CNC 控制器,它的 NC 程序也有些差别,MasterCAM 提供了一些常用的 CNC 后处理器,单击该按钮,用户就可以选择使用。内设值 MPFAN. PST 是 FANUC 系统的后处理器。

2. NCI 档

NCI 档用于设定在执行后处理时是否要存储和编辑刀具路径(NCI)文件,"覆盖"和"询问"是用于存储同名文件时的处理方式。

3. NC 档

NC 档用于设定后处理时 NC 文件的存储和编辑,只是比 NCI 档多一个文件后缀,其他参数选择与 NCI 档相同。

4. 传送

用于传送 NC 程序至 CNC 控制器(数控机床)。选择该复选框,参照 CNC 控制器的传送参数,对应设置好如图 7-11 所示的传输参数,连接好通信电缆,即可通过电脑传送 NC 程序至加工机床。如果 NC 程序还需进行手工修改,则不选择该复选框,也可以通过其他的通信软件进行传输。

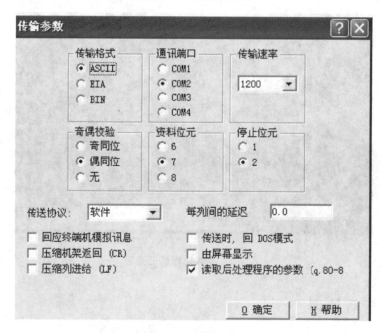

图7-11 传输参数

项目 8
二维铣削加工

◀ **项目摘要**

通过本项目的学习，进一步掌握 MasterCAM 铣床加工系统中工件、刀具、材料等基本参数的设置，通过任务 7 的典型实例掌握铣床二维加工系统中各加工模块的功能及使用方法。主要包括外形铣削加工、挖槽铣削加工、钻孔与镗孔加工、面铣削加工的参数设置方法，最终完成零件的加工并生成数控机床使用的 NC 程序。学会使用操作管理器进行刀具路径模拟、加工模拟及通过选择的后处理器进行后处理生成 NCI 文件和 NC 文件的方法。

MasterCAM 二维刀具路径模块用来生成二维刀具加工路径，包括外形铣削、挖槽、钻孔、面铣削、全圆铣削等加工路径。各种加工模块生成的刀具路径一般由加工刀具、加工零件的几何模型及各模块的特有参数来定义。不同模块可进行加工的几何模型和参数各不相同。本项目将分别介绍各模块的功能及使用方法。

◀ 任务 1　外形铣削加工 ▶

外形铣削模块可以由工件的外形轮廓产生加工路径,一般用于二维工件轮廓的加工。二维外形铣削刀具路径的切削深度是固定不变的。

(1) 在主功能表中依次选择"刀具路径(Tools Paths)→外形铣削(Contour)"。

(2) 在绘图区采用串连方式对几何模型串连后选择"执行(Done)"选项。

(3) 系统弹出"外形铣削(Contour)"对话框。每种加工模块都需要设置一组刀具参数,可以在"刀具参数(Tools Parameters)"对话框中进行设置。如果已设置刀具,将在对话框中显示出刀具列表,可以直接在刀具列表中选择已设置的刀具。如列表中没有设置刀具,可在刀具列表中单击鼠标右键,通过快捷菜单来添加新刀具。

(4) 选择"外形铣削参数"标签,设置选项卡中的有关参数。

(5) 单击"确定"按钮,系统则按选择的外形、刀具及设置的参数生成外形铣削刀具路径。

一、外形铣削加工实例

外形铣削如图 8-1 所示的零件,工件厚度 15 mm,毛坯为 65 mm×45 mm,上下表面不加工,图中四个孔暂不加工。

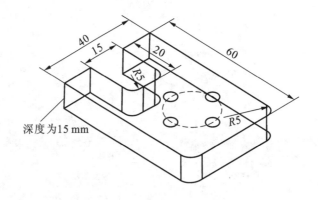

图 8-1　加工零件外形

外形铣削加工的步骤如下。

1. 绘图

绘制如图 8-1 所示零件外形俯视图。

2. 设定工件毛坯

(1) 在主功能表中依次选择"刀具路径→工件设定",弹出"工件设定"对话框,按图 8-2 所示的"工件设定"对话框进行毛坯大小设定(工件原点 X、Y 值取决于图形的具体位置)。

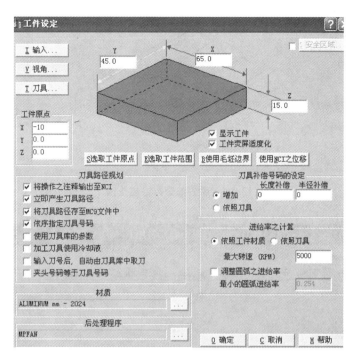

图 8-2 "工件设定"对话框

(2) 单击"工件设定"对话框中材质栏的选择按钮,系统弹出材质对话框,如图 8-3 所示。如表中有所需材料,则选择所需的材料,单击"确定"按钮退出。如无所需材料,也可暂时不设定加工材料。

3. 设定构图面和图形视角

(1) 在次功能表区单击"构图面",再在主功能表中选择"俯视图"(也可在工具条中选择俯视构图面)。

(2) 在次功能表区单击"视角",再在菜单中选择"等角视图"(也可在工具条中选择等角视图),如图 8-4 所示,图中虚线部分为毛坯范围。

4. 启动外形加工

在主功能表中选择"刀具路径→外形铣削",弹出图形选择菜单。

5. 串连外形

选择"串连",用鼠标指针选择图 8-4 中的 P 点,外形自动串连,再选择"执行"。

6. 确定外形加工参数

(1) 定义刀具参数,参照图 8-5 输入刀具参数。将鼠标移至图 8-5 所示空白处,单击鼠标右

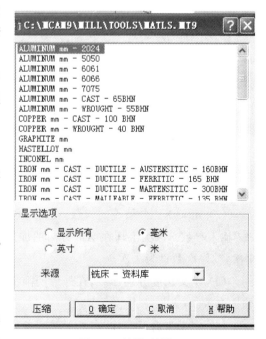

图 8-3 材质对话框

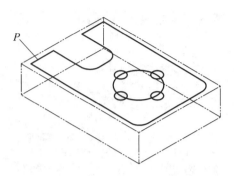

图 8-4　虚线部分为毛坯范围

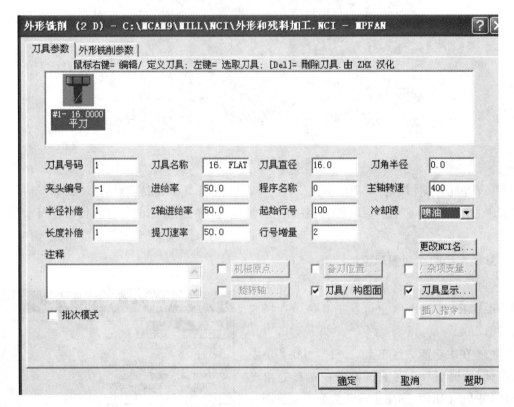

图 8-5　输入刀具参数

键,弹出图 7-4 所示快捷菜单。从刀具库选取刀具,选择直径为 16 mm 的平刀。

（2）定义专用参数,选择"外形铣削参数",参照图 8-6 输入参数。

（3）定义 XY 分层铣削参数,在外形铣削参数表中,选择"XY 分次铣削"复选框,参照图 8-7 输入参数。因为毛坯在 XY 方向的加工余量较小,单边只有 2.5 mm,所以粗铣次数设为 1 次,精修次数设为 1 次。

（4）定义深度分层参数,在外形铣削参数表中,选择"Z 轴分层铣深"复选框,参照图 8-8 输入参数。

（5）定义进退刀参数,在外形铣削参数表中,选择"进/退刀矢量"复选框,参照图 8-9 输入参数。考虑到毛坯余量较小,为减少空刀路径时间,要在系统预设值的基础上适当减少退

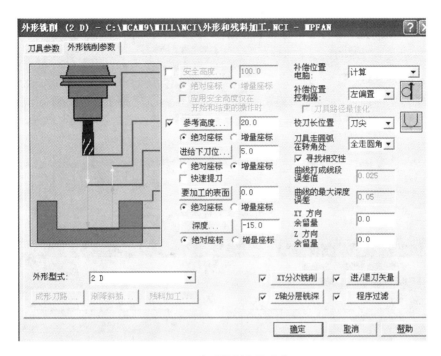

图 8-6　外形铣削参数设定

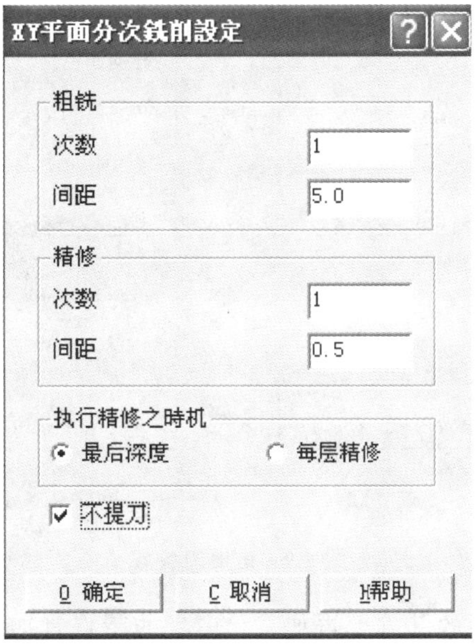

图 8-7　*XY* 平面分次铣削参数设定

刀路径的长度和切入切出圆弧的半径。

完成参数设置,得到如图 8-10 所示的刀具路径。

7. 确定外形残料加工参数

根据图 8-10 所示的刀具路径可知,工件中宽 15 mm 的槽没有加工,原因是所选刀具直径太大。解决办法有两个:一是选用直径小于槽宽的刀具重新计算加工,二是选用一把直径

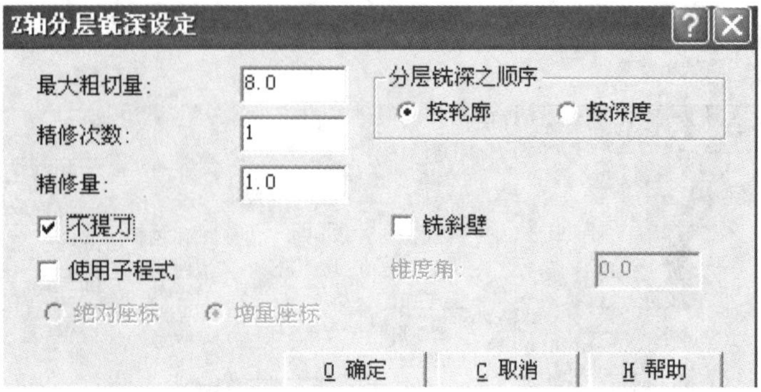

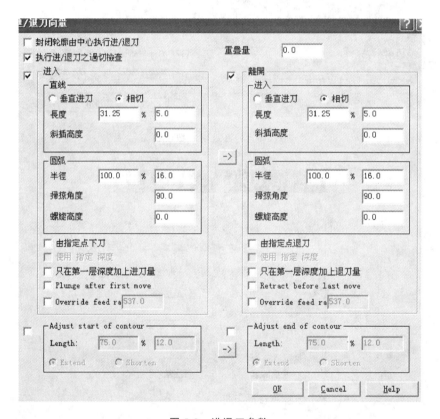

图 8-8　*Z* 轴分层铣深参数设置

图 8-9　进退刀参数

较小的刀具在上述外形铣削的基础上再加工。前者的特点是加工过程中不需要换刀,但因刀具直径较小,故加工效率低,且刀具易磨损。后者的特点是大刀具加工外形,小刀具加工凹形槽效率高。下面通过举例来说明残料加工参数的设定及步骤。

(1) 选择"外形铣削→串连→单击图 8-4 中 *P* 点→执行"。

(2) 单击鼠标右键,从刀具库中选择 *ϕ*8 的平刀,设定刀具参数。

(3) 选择外形铣削专用参数栏中"残料清角",见图 8-11。再设定残料加工参数,如图 8-12 所示。其他参数同前。

(4) 得到如图 8-13 所示的刀具路径。

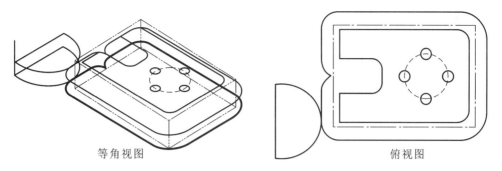

等角视图　　　　　　　　　　　俯视图

图 8-10　外形铣削刀具路径

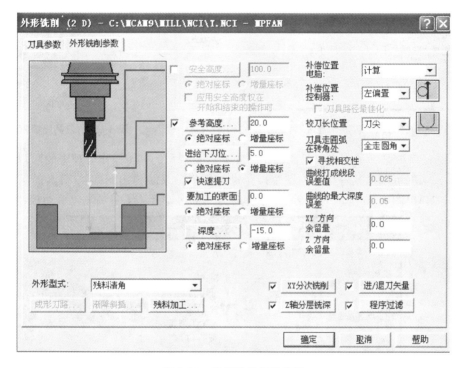

图 8-11　外形铣削专用参数

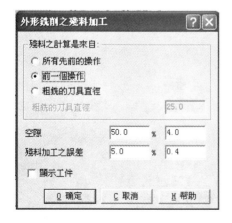

图 8-12　残料加工参数

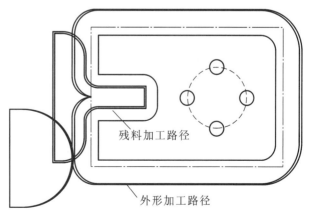

残料加工路径

外形加工路径

图 8-13　残料加工刀具路径

8. 操作管理

刀具路径产生后将弹出"操作管理"对话框,如图 8-14 所示。其中包含两项操作:外形铣削(2D)和外形铣削(残料清角)。如果要对前面设定的参数进行修改,只需鼠标左键单击操作项中"参数"即可打开参数设定对话框。同样还可以打开刀具设定和图形串连进行修改。参数修改后需单击"重新计算",操作才会生效。

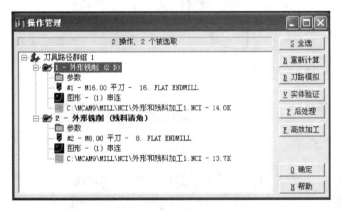

图 8-14 "操作管理"对话框   图 8-15 "刀具路径模拟"菜单

(1)路径模拟是为了检查刀具路径是否正确,可选择图 8-14 操作管理中的"刀具路径模拟"功能(该功能可以对某一操作或整个操作进行模拟),系统弹出图 8-15 所示的菜单,单击"参数设定"弹出图 8-16 所示的对话框,可设定刀具路径显示参数。单击"手动控制",每次

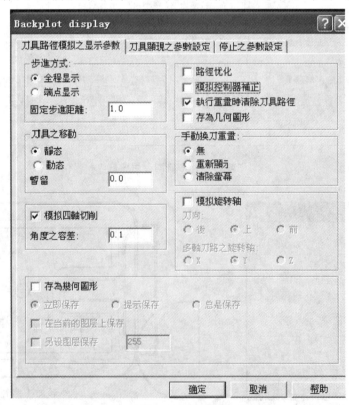

图 8-16 刀具路径显示参数

可显示一步,同时屏幕下方显示该点刀具坐标,单击"自动控制",则一次模拟整个操作。

(2)实体切削验证是为验证实体切削效果,进一步检验刀具路径,可对某一操作或整个操作进行实体切削验证。在图8-14中单击"实体验证"按钮,绘图区显示工件外形,并弹出图8-17所示的实体验证工具栏,单击工具栏中"?"按钮,然后设定实体验证显示参数如图8-18所示。实体切削结果如图8-19所示。

图 8-17 实体验证工具栏

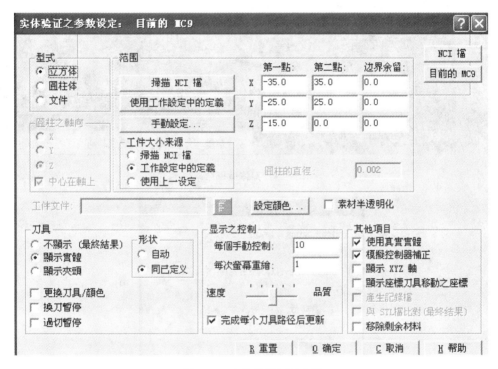

图 8-18 实体验证显示参数

(3)后处理是经过前面的路径模拟和实体切削验证之后,确认各参数设置均正确,就可以单击"操作管理"对话框中"后处理",系统弹出如图8-20所示的对话框,然后确认 NCI 文件名和 NC 文件名,最后可得到图8-21所示的 NC 加工程序,该程序就是数控机床可执行的程序。

不同的控制系统之间可执行的 NC 程序也有所不同,如果能确定控制系统,在图8-20所示的对话框中,单击"更改后处理程序",选择控制系统的后处理文件,即可产生相应的 NC 程序。系统默认的设定值是 FANUC 系统的后处理程序。

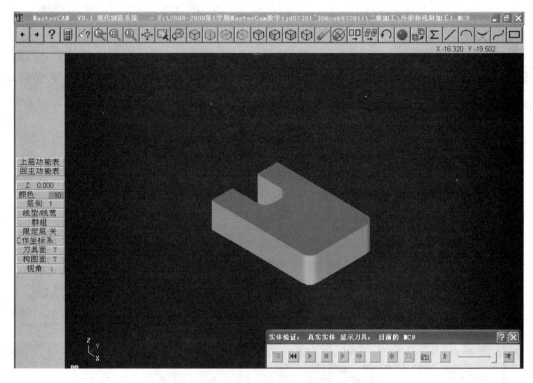

图 8-19　实体验证结果

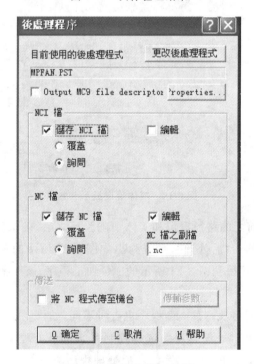

图 8-20　执行后处理对话框

```
%
O0000
(PROGRAM NAME - 外形和残料加工)
(DATE=DD-MM-YY - 24-06-11 TIME=HH:MM - 02:42)
N100G21
N102G0G17G40G49G80G90
/N104G91G28Z0.
/N106G28X0.Y0.
/N108G92X0.Y0.Z0.
( 16. FLAT ENDMILL TOOL - 1 DIA. OFF. - 1 LEN. - 1 DIA. - 16.)
N110T1M6
N112G0G90X-75.5Y-29.75A0.S1790M3
N114G43H1Z50.
N116Z10.
N118G1Z-7.F200.

N540Z-4.F500.
N542G0Z50.
N544Y-21.315
N546Z-4.
N548G1Z-15.F200.
N550X-42.
N552G3X-34.Y-13.315R8.
N554G1Y-7.5
N556G2X-30.Y-3.5R4.
N558G1X-15.
N560G3X-14.Y-2.5R1.
N562G1Y2.5
N564G3X-15.Y3.5R1.
N566G1X-30.
N568G2X-34.Y7.5R4.
N570G1Y13.77
N572G3X-42.Y21.77R8.
N574G1X-50.
N576Z-5.F500.
N578G0Z50.
N580M5
N582G91G28Z0.
N584G28X0.Y0.A0.
N586M30
%
```

图 8-21　NC 加工程序

二、外形铣削参数设置

加工参数分为共同参数和专用参数两种,共同参数是各种加工都要输入的带有共性的参数,又叫做刀具参数,请参阅项目 7 任务 2 的内容。除共同参数外,每一铣削方式都有它的专用模块参数。外形铣削加工的专用参数见图 8-11 中"外形铣削参数"。下面介绍主要的加工参数。

1. 高度设置

铣床加工各模块的参数设置中均包含有高度参数的设置。高度参数包括安全高度(Clearance)、参考高度(Retract)、进给下刀位置(Feed Plane)、工件表面(Top of Stock)和切削深度(Depth)。其中,安全高度是指在此高度之上刀具可以作任意水平移动而不会与工件或夹具发生碰撞;参考高度是指开始下一个刀具路径前刀具回退的位置,参考高度的设置应高于进给下刀位置;进给下刀位置是指当刀具在工作进给之前快速进给到的高度;工件表面是指工件上表面的高度值;切削深度是指最后的加工深度。

2. 刀具补偿

刀具补偿是指将刀具路径从选择的工件加工边界上按指定方向偏移一定的距离。

1) 补偿类型

可在"补偿类型(Compensation Type)"下拉列表框中选择补偿器的类型。选择"计算机

(Computer)"选项,由计算机计算进行刀具补偿后的刀具路径;选择"控制器(Control)"选项,刀具路径的补偿不在 CAM 中进行,而是在生成的数控程序中产生 G41、G42、G40 刀补指令,由数控机床进行刀具补偿;选择"磨损补偿(Wear)",刀具路径的补偿量由设置的磨损补偿值进行补偿。

2)补偿位置

可在"补偿方向(Compensation Direction)"下拉列表框中选择刀具补偿的位置,可以将刀具补偿设置为左刀补(Left)或右刀补(Right)。如图 8-22 所示。

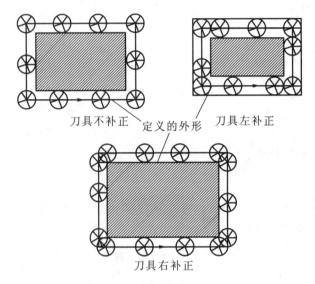

刀具不补正　　定义的外形　　刀具左补正

刀具右补正

图 8-22　刀具补偿的位置

3)长度补偿

以上介绍的是刀具在 XY 平面内的补偿方式,可以在"Tip Comp"下拉列表框中设置刀具在 Z 轴方向的补偿方式。选择"Center"为球头刀球心,选择"Tip"为刀尖,生成的刀具路径根据补偿方式的不同而不同。

3.外形分层

外形分层是在 XY 方向分层粗铣和精铣,主要用于外形材料切除量较大,刀具无法一次加工到定义的外形尺寸的情形。单击图8-11中"XY 分次铣削"的复选框,弹出图8-7所示的对话框,该对话框用来设置外形分层铣削的各参数。

图 8-23 所示的为采用粗铣次数为 2 次,粗铣间距为 5 mm,精修次数为 1 次,精修量为 0.5 mm 的加工路径。

4.Z 轴分层铣深

分层铣深是指在 Z 方向分层粗铣与精铣,用于材料较厚而无法一次加工到最后深度的情形。单击图 8-11 中的"Z 轴分层铣深"的复选框,弹出如图 8-8 所示的对话框。

图 8-24 为 Z 轴分层铣深示意图,工件最大铣深为 15 mm,Z 轴方向所留加工余量为 1.5 mm。图中所示粗铣次数为 2 次,最大粗铣量为 5 mm,精修次数为 1 次,精修量为 1 mm 的加工情形。

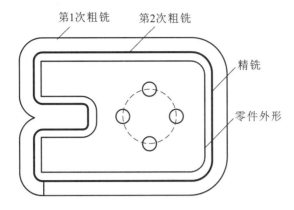

图 8-23 外形分层铣削加工

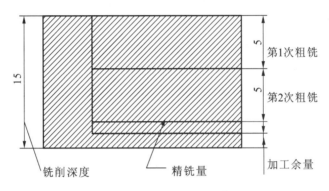

图 8-24 Z 轴分层铣深示意图

5. 进刀/退刀设置

在外形铣削加工中,可以在外形铣削前和完成外形铣削后添加一段进刀/退刀刀具路径。进刀/退刀刀具路径由一段直线刀具路径和一段圆弧刀具路径组成。直线和圆弧的外形可由"Lead In/Out"对话框来设置。

直线刀具路径可以通过设置其长度(Length)、渐升或渐降高度(Ramp Height)、垂直进刀(Perpendicular)或相切(Tangent)来定义。当选择"垂直进刀(Perpendicular)"按钮时直线刀具路径与其相近的刀具路径垂直,当选择"相切(Tangent)"按钮时直线刀具路径与其相近的刀具路径相切。

圆弧刀具路径可以通过设置半径(Radius)、扫掠角度(Sweep)和螺旋高度(Helix Height)来定义。

6. 过滤设置

MasterCAM 可以对 NCI 文件进行程序过滤,系统通过清除重复点和不必要的刀具移动路径来优化和简化 NCI 文件。

7. 加工类型

1)二维外形铣削加工(2D)

当进行二维外形铣削加工时,整个刀具路径的铣削深度是相同的,其 Z 坐标值为设置的相对铣削深度值。

2）成型刀加工（2D Chamfer）

该加工一般需安排在外形铣削加工完成后,用于加工的刀具必须选择"成型铣刀（Chfr Mill）"。用于倒角时,角度由刀具决定,倒角的宽度可以通过单击"Chamfer"按钮,在弹出的"Chamfering"对话框中进行设置。

3）螺旋式外形加工（Ramp）

只有二维曲线串连时才有螺旋式加工,一般是用来加工铣削深度较大的外形。在进行螺旋式外形加工时,可以选择不同的走刀方式。单击"Ramp"按钮,弹出"Ramp Contour"对话框。系统共提供了三种走刀方式,当选择"Angle"或"Depth"时,都为斜线走刀方式;而选择"Plunge"时,刀具先进到设置的铣削层的深度,再在 XY 平面移动。对于"Angle"和"Depth"选项,定义刀具路径与 XY 平面的夹角方式各不相同。"Angle"选项直接采用设置的角度,而"Depth"选项是设置每一层铣削的"总进刀深度（Ramp Depth）"。

4）残料外形加工（Remachining）

残料外形加工也是当选择二维曲线串连时才可以进行,一般用于铣削上一次外形铣削加工后留下的残余材料。为了提高加工速度,当铣削加工的铣削量较大时,开始时可以采用大尺寸刀具和大进刀量,然后再采用残料外形加工来得到最终的光滑外形。由于采用大直径的刀具铣削时在转角处的材料不能被铣削或以前加工中预留的部分而形成残料。可以通单击"Remachining"按钮,在弹出的"Contour Remachining"对话框中进行残料外形加工的参数设置。

◀ 任务2　挖槽铣削加工 ▶

挖槽模块主要用来切削沟槽形状或切除封闭外形所包围的材料。在槽的边界内可以包含不准铣削的区域(也称为岛屿)。用来定义外形的串连可以是封闭串连也可以是不封闭串连,但每个串连必须为共面串连且平行于构图面。

挖槽刀具路径有两组主要的参数需要定义:挖槽参数和粗加工/精加工参数。生成挖槽刀具路径的操作步骤如下。

（1）在主功能表中依次选择"刀具路径（Tools Paths）→挖槽"。

（2）在绘图区采用串连方式对几何模型串连后选择"执行（Done）"。

（3）系统弹出挖槽对话框。每种加工模块都需要设置一组刀具参数,可以在"刀具参数（Tools Parameters）"对话框中进行设置。在刀具列表中单击鼠标右键,通过快捷菜单来添加新刀具。

（4）选择"挖槽参数"标签,设置选项卡中的有关参数。

（5）选择"粗铣/精修参数"标签,设置选项卡中的有关参数。

（6）选择"确定"按钮,系统则按选择的外形、刀具及设置的参数生成挖槽刀具路径。

一、挖槽加工实例

用挖槽加工方式加工带岛屿的凹槽铣削,绘制图形如图 8-25 所示。加工步骤如下。

（1）顺序选择"主功能表(Main Menu)→刀具路径(Tools Paths)→挖槽(Pocket)"。

（2）系统提示选择挖槽加工的外形边界,将视图设置为俯视图,选择定义凹槽及岛屿的两个串连,在凹槽加工中选择串连时可以不考虑串连的方向。

（3）串连后单击"执行(Done)"按钮,系统弹出"挖槽(Pocket)"对话框,选择"刀具参数(Tools Parameters)"选项卡,在刀具列表中选择刀具直径为 6 mm 的端铣刀。如图 8-26所示。

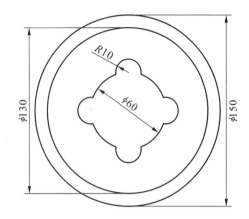

图 8-25 用挖槽加工方式加工带岛屿的凹槽铣削

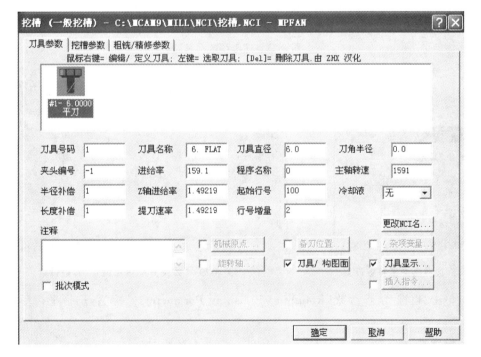

图 8-26 挖槽刀具参数

（4）单击"挖槽参数(Pocket Parameters)"标签,在"挖槽加工型式(Contour Parameters)"选项卡中选择"使用岛屿深度挖槽(Island Facing)"加工方式,设置高度、刀具偏移和预留量等参数。如图 8-27 所示。

（5）单击"边界再加工"按钮,将岛屿高度设置为 8 mm。如图 8-28 所示。

（6）由于凹槽的总铣削量为 10 mm,在深度分层铣削参数设置中,安排了 3 次粗铣削和 1 次精铣削。如图 8-29 所示。

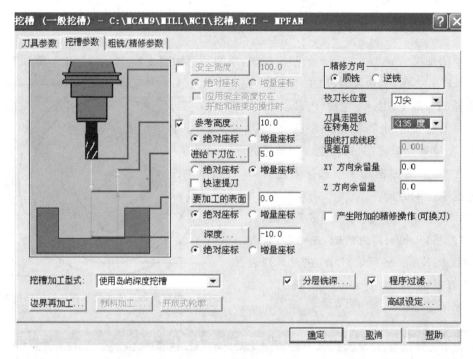

图 8-27 挖槽参数设置

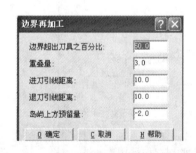

图 8-28 边界再加工参数设置

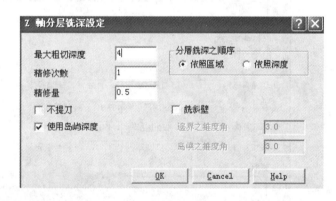

图 8-29 "Z 轴分层铣深设定"参数设置

（7）单击"粗铣/精修参数（Roughing/Finishing Parameters）"标签，选择平行环切的走刀方式。

（8）设置进刀方式参数，选用螺旋进刀方式，如图8-30所示。

（9）进行完所有参数的设置后，单击"挖槽（Pocket）"对话框中的"确定"按钮，系统即可按设置的参数计算出刀具路径，将视图设置为等角视图，生成刀具路径。

（10）进行仿真加工模拟，显示加工模拟结果，如图 8-31 所示。

二、挖槽模块参数设置

在挖槽模块参数设置中加工通用参数的设置与外形加工设置一致，下面仅介绍其特有的挖槽参数和粗/精加工参数的设置。

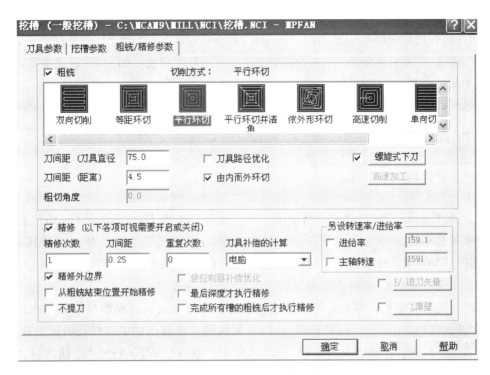

图 8-30　进刀方式参数设置

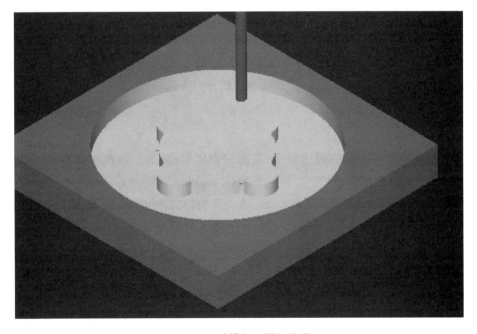

图 8-31　挖槽加工模拟结果

1. 挖槽参数

"一般挖槽(Standard)"选项采用标准的挖槽方式,即仅铣削定义凹槽内的材料,而不会对边界外或岛屿进行铣削。"边界再加工(Facing)"选项,相当于面铣削模块的功能,在加工过程中只保证加工出选择的表面,而不考虑是否会对边界外或岛屿的材料进行铣削。当选择"使用岛屿深度挖槽(Island Facing)"选项时,不会对边界外进行铣削,但可以将岛屿铣削至设置的深度。"残料清角(Remachining)"选项,可进行残料挖槽加工,其设置方法与残料外形铣削加工中参数设置相同。

选择"Island Facing"加工方式后单击"Facing"按钮,可通过弹出的"Facing"对话框来设置岛屿加工的深度。该对话框中的"Stock above Islands"输入框用于输入岛屿的最终加工深度,该值一般要高于凹槽的铣削深度。"Facing"对话框中其他参数的含义与外形铣削模块中对应参数相同。

在由于挖槽模块的"Island Facing"加工方式中增加了岛屿深度设置,所以在其深度分层铣削设置的"Depth Cuts"对话框中增加了一个"使用岛屿深度(Use Island Depth)"复选框。当选中该复选框时,当铣削的深度低于岛屿加工深度时,系统会先将岛屿加工至其加工深度,再将凹槽加工至其最终加工深度;若未选中该复选框,则先进行凹槽的下一层加工,然后将岛屿加工至岛屿深度,最后将凹槽加工至其最终加工深度。

当选择的串连中包含有未封闭串连时,只能采用"开放式轮廓挖槽(Open)"加工方式。在采用"开放式轮廓挖槽(Open)"加工方式时,系统先将未封闭的串连进行封闭处理后,再对封闭后的区域进行挖槽加工。单击"开放式轮廓挖槽(Open Pockets)"按钮,弹出"Open Pockets"对话框。该对话框用于设置封闭串连方式和加工时的走刀方式。"边界超出刀具之百分比(Overlap Percentage)"和"重叠量(Overlap Distance)"输入框中的数值是相关的。当其数值设置为0时,系统直接用直线连接未封闭串连的两个端点;当设置值大于0时,系统将未封闭串连的两个端点连线向外偏移至设置的距离后形成封闭区域。当不选"使用开放轮廓之切削方式(Use Open Pocket Cutting Method)"复选框时,可以选择"粗铣/精修参数(Roughing/Finishing Parameters)"选项卡中的走刀方式,否则采用"Open Pocket"加工的走刀方式。

2. 粗加工参数

在挖槽加工中加工余量一般比较大,可通过设置粗/精加工参数来提高加工精度。在"挖槽(Pocket)"对话框中单击"粗铣/精修参数(Roughing/Finishing Parameters)"标签。

选择"Roughing/Finishing Parameters"选项卡中的"Rough"复选框,则在挖槽加工中,先进行粗切削。MasterCAM 9.1提供了8种粗切削的走刀方式:双向切削(ZigZag)、等距环切(Constant Overlap Spiral)、环绕切削(Parallel Spiral)、环切并清角(Parallel Clean Corners)、依外形环切(Morph Spiral)、高速加工(High Speed)、单向切削(One Way)、螺旋切削(True Spiral),这8种切削方式又可分为直线切削及螺旋切削两大类。

直线切削包括双向切削和单向切削。双向切削产生一组有间隔的往复直线刀具路径来切削凹槽;单向切削所产生的刀具路径与双向切削类似,所不同的是单向切削刀具路径按同一个方向进行切削。

螺旋切削方式是以挖槽中心或特定的挖槽起点开始进刀并沿着刀具方向(Z轴)螺旋下刀削切。螺旋切削中主要切削参数含义如下。

切削间距百分率(Stepover):设置在X轴和Y轴粗加工之间的切削间距,以刀具直径的百分率计算,调整"Roughing"参数自动改变该值。

切削距离(Stepover Distance):该选项是在 X 轴和 Y 轴上计算的一个距离,该距离等于切削间距百分率乘以刀具直径。

粗加工角度(Roughing):设置双向和单向粗加工刀具路径的起始方向。

切削路径最优化(Minimize Tool Burial):为环绕切削内腔、岛屿提供优化刀具路径,避免损坏刀具。该选项仅使用双向铣削内腔的刀具路径,并能避免切入刀具绕岛屿的毛坯太深,选择刀具插入最小切削量选项,当刀具插入形式发生在运行横越区域前,将清除干净绕每个岛屿区域的毛坯材料。

由内到外环切(Spiral Inside to Outer):用来设置螺旋进刀方式时的挖槽起点。当选择该复选框时,切削方法是以凹槽中心或指定挖槽起点开始,螺旋切削至凹槽边界;当未选择该复选框时,是由挖槽边界外围开始螺旋切削至凹槽中心。

凹槽粗铣加工路径中,可以采用垂直下刀、斜线下刀和螺旋下刀等三种下刀方式。采用垂直下刀方式时不选"Entry-Helix"复选框;采用斜线下刀方式时选择"Entry-Helix"复选框并选择"Helix/Ramp Parameters"对话框的"Ramp"标签;采用螺旋下刀方式时选择"Entry-Helix"复选框,并选择"Helix/Ramp Parameters"对话框的"Helix"标签。

3. 精加工参数

当选择精加工(Finish)复选框后系统可执行挖槽精加工,挖槽模块中各主要精加工切削参数含义如下。

精加工外部边界(Finish Outer Boundary):对外边界也进行精铣削,否则仅对岛屿边界进行精铣削。

由粗铣削结束点开始(Start Finish Pass at Closest):在靠近粗铣削结束点位置开始深铣削,否则按选择边界的顺序进行精铣削。

最后深度才执行精修(Machine Finish Passes Only at Final Depth):在最后的铣削深度进行精铣削,否则在所有深度进行精铣削。

完成所有槽的粗铣后才执行精修(Machine Finish Passes after Roughing All):在完成了所有粗切削后进行精铣削,否则在每一次粗切削后都进行精铣削,适用于多区域内腔加工。

精加工刀具补正(Cutter Compensation):执行该参数可启用计算机补偿或机床控制器内刀具补偿。当进行精加工不能在计算机内进行补正时,该选项允许在控制器内调整刀具补偿,也可以选择两者共同补偿或磨损补偿。

优化刀具补偿(Optimize Cutter Comp In):若精加工选择为机床控制器刀具补偿,该选项可以在刀具路径上消除小于或等于刀具半径的圆弧,并帮助防止划伤表面;若不选择在控制器进行刀具补偿,此选项可以防止精加工刀具进入粗加工所用的刀具加工区。

进刀/退刀路径(Lead In/Out):选择该复选框可在精切削刀具路径的起点和终点增加进刀/退刀刀具路径。可以单击"Lead In/Out"按钮,通过弹出的"Lead In/Out"对话框对进刀/退刀刀具路径进行设置。

◀ 任务3 钻孔与镗孔加工 ▶

钻孔刀具路径主要用于钻孔、镗孔和攻丝等加工。除了前面章节介绍的刀具共同参数之外，有一组专用的钻孔参数用来设置钻孔刀具路径生成方式。

生成钻孔刀具路径的操作步骤如下。

（1）在主功能表中依次选择"刀具路径→钻孔"。

（2）弹出输入点子菜单，在绘图区选择要钻孔的点后。选择"执行"。

（3）系统弹出钻孔参数设置对话框，选择用于生成刀具路径的刀具。

（4）选择钻孔类型，设置相应的钻孔加工参数。

（5）单击"确定"按钮，系统即可按设置的参数生成钻孔路径。

一、钻削实例

钻削图 8-32 中四个直径为 5 mm 的通孔。

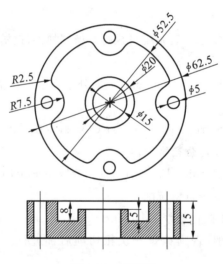

图 8-32　钻削图

图 8-33　确定点的菜单

其具体操作步骤如下。

1. 取档绘图

按步骤执行相关操作。

2. 启动钻削专用模块

选择"刀具路径→钻孔"，弹出确定点的菜单如图 8-33 所示。手动输入要钻削的 4 个孔的点，注意捕捉圆心点，完成后按 Esc 键返回，再选择"执行"。

3. 定义钻孔参数

(1) 选择相应的直径 5 mm 钻头（如果孔有其他用途,必须仔细计算底孔尺寸,然后选择相应大小的钻头）。

(2) 设置钻孔专用参数表中的参数,如图 8-34 所示。

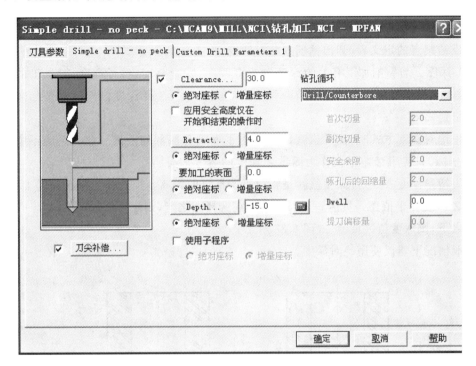

图 8-34　钻孔专用参数

(3) 设置刀尖补偿,如图 8-35 所示。

4. 生成刀具路径

设置参数后,单击"确定"按钮即得到刀具路径如图 8-36 所示。后面的步骤可参照前面章节的内容来操作。

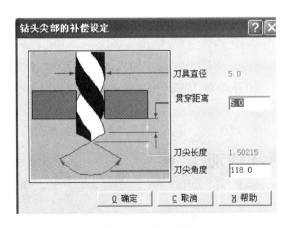

图 8-35　刀尖补偿

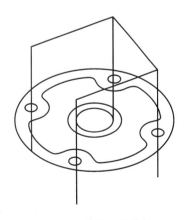

图 8-36　钻孔刀具路径

二、钻削参数设置

1. 定义钻削点

钻削加工应确定的要素是所要加工孔的圆心点。确定点的菜单如图 8-33 所示。

2. 钻削参数

完成钻削点的定义后,弹出钻削参数对话框,如图 8-34 所示。

(1) 深度。与钻削加工有关的深度参数有四个:安全高度、参考高度、要加工的加工表面、孔深度。前三个参数与前面章节介绍的内容完全相同。孔深度值用绝对坐标或者增量坐标来指定。

采用绝对深度方式时,深度值就是从 Z 零平面到孔底部的距离。此时系统不考虑选择点的 Z 坐标,只使用 Z 零平面作为测量 Z 深度的参考平面。

采用增量深度方式时,深度值就是相对于选择点的距离。视选择点与孔底的上下位置,来确定 Z 深度是正值还是负值。如果孔底部在选择点之上,则深度值为正值,如果孔底部在选择点之下,则深度值为负值,如图 8-37 所示。

一般情况下建议使用绝对深度。

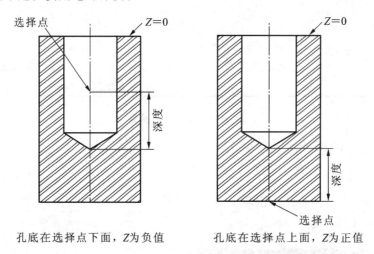

孔底在选择点下面,Z为负值   孔底在选择点上面,Z为正值

图 8-37　用增量深度方式时,深度值与选择点的关系

(2) 刀尖补偿。为了使加工的孔全直径部分的长度等于或大于输入的孔深尺寸,就需要将刀尖部分的尺寸补偿进去,图 8-35 所示是刀尖补偿对话框。如果输入的孔深尺寸就是刀尖的深度则可以关闭刀尖补偿对话框。

◀ 任务4　面铣削加工 ▶

面铣削加工模块的加工方式为平面加工。主要用于提高工件的平面度、平行度及降低工件表面的粗糙度。

面铣削刀具路径是将工件表面铣削一定深度后为下一次加工作准备。可以铣削整个工件的表面，也可以只铣削指定的区域。

生成面铣削刀具路径的操作步骤如下。

（1）在主功能表中依次选择"刀具路径→平面铣削"。

（2）选择图形串连后，选择"执行"，或者直接单击"执行"，系统将自动对已设定的毛坯材料范围进行面铣加工。

（3）系统弹出"面铣加工"对话框，选择用于生成刀具路径的刀具。

（4）选择"面铣加工参数"标签，设置相应的参数。

（5）单击"确定"按钮，系统即可按设置的参数生成面铣刀具路径。

一、面铣加工实例

面铣图 8-38 中的工件毛坯表面 1 mm。假设毛坯是方料，长和宽均为 70 mm，按工作设定的要求设置毛坯大小，如图 8-38 所示。

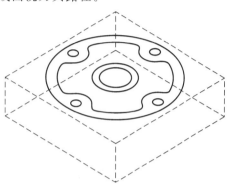

（1）在"刀具路径"子菜单中选择"平面铣削→执行"。因为是直接面铣毛坯，所以不用串连对象。

（2）弹出"平面铣削"对话框，在刀具列表区选择 10 mm 的平刀，然后选择面铣加工参数，按图 8-39 所示来设置面铣参数。

图 8-38　面铣毛坯

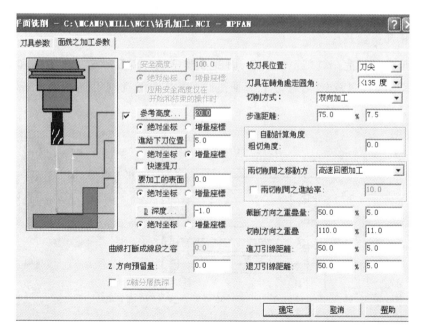

图 8-39　面铣加工参数

（3）单击"确定"按钮，即可得到如图 8-40 所示的面铣刀具路径。后面的步骤可参照前面章节进行操作。

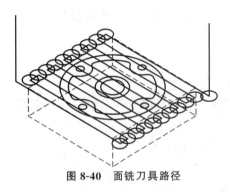

图 8-40　面铣刀具路径

二、面铣削参数设置

在面铣削参数的设置时,除了要设置一组刀具、材料等共同参数外,还要设置一组其特有的加工参数。

1. 切削方式

共有四种切削方式可供选择。其含义如下。

(1) 双向切削:刀具在工件表面双向来回切削,切削效率高。

(2) 单向切削(顺铣):单方向按顺铣方向切削。

(3) 单向切削(逆铣):单方向按逆铣方向切削,吃刀量可选较大。

(4) 一层次刀具直径应大于要加工表面,采用一刀切削。

2. 切削间移动方式

共有三种移动方式:高速回圈加工、直线双向和直线单向。如图 8-41 所示。

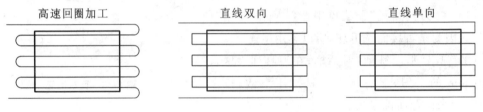

图 8-41　切削间移动方式

3. 重叠量和引线长度

为了保证刀具能完全铣削工件表面,面铣参数设置时需要确定切削方向和截断方向的重叠量。进刀/退刀引线长度是为了保证进/退时刀具不碰到毛坯侧面。各参数含义如图 8-42所示。

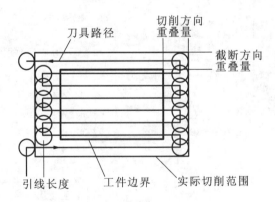

图 8-42　重叠量和引线长度

◀ 任务5 文字雕刻 ▶

文字雕刻常用于在零件表面上雕刻文本,其刀具路径主要通过使用挖槽加工来生成。下面以实例介绍文字雕刻的操作过程,操作步骤如下。

(1) 绘制或选择文字模型,选择"刀具路径→挖槽(Tools Paths→Pocket)",弹出串连菜单。

(2) 单击矩形框上任意点,由于文字较多,采用窗口串连,选择"方式→窗口(Mode→Window)",定义窗口。提示区提示"输入串连起点(Enter Search Point)"时,选择 P 点。

(3) 单击"执行(Done)"选项,打开"挖槽参数"对话框。

(4) 根据文字的大小、边角、间隙情况定义刀具,一般选择直径比较小的刀具,也可自定义刀具,用鼠标在刀具窗口内按右键,打开"定义刀具(Define Tool)"对话框。

(5) 在"定义刀具(Define Tool)"对话框内定义好参数后,单击"参数(Parameter)"选项卡,打开相对应的对话框,在对话框中设置各项参数。单击"OK"按钮,返回到"挖槽参数"对话框。

(6) 单击"Pocketing Parameters"选项卡,打开相对应的对话框。

(7) 选择"Depth Cuts",单击"Depth Cuts"按钮,进行分层铣削设置。

(8) 在"Pocket"对话框中单击"Roughing/Finishing Parameters"标签,在打开的粗/精加工选项卡中进行设置。

(9) 单击"Tools Paths→Job Setup",打开"工作设置"对话框。

(10) 单击"Bounding Box"按钮进行工件边界设置。

(11) 在该对话框设置完成后,单击"确定"按钮,刀具路径设置完成。

(12) 为了便于模拟显示,单击工具栏按钮,屏幕显示等角视图。

(13) 选择"Tools Paths→Operations",单击其中的"Verify"选项,单击"播放"按钮,显示效果。如图8-43所示。

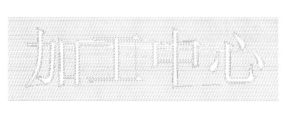

图8-43 文字雕刻

文字雕刻实例——生成凹凸字母零件的挖槽加工路径如下。

加工凹凸字母零件共包含3个层别。其中:4层为 WUHAN INSTITUTE OF TECHNOLOGY 及 MECHANICAL ENGINEERING,为凹下字母,顶平面 $Z=0$,深度为

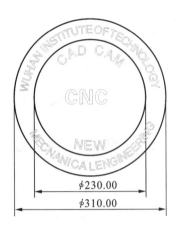

图 8-44　加工凹凸字母零件

$z=-4$ mm。3 层为 CAD CAM 及 CNC NEW 为凸字母,底平面 $Z=1$ mm,高为 5 mm。1 层为 $\phi310$、$\phi230$ 圆,$Z=5$。如图 8-44所示。

一、利用挖槽加工模块,生成刀具挖槽加工路径

1. 启动挖槽模块,加工一组凹字母

层别 4 为 WUHAN INSTITUTE OF TECHNOLOGY 及 MECHANICAL ENGINEERING。隐藏 1、3 层。

选择"回主功能表→刀具路径→挖槽→窗选",取所有字母外的对角两点,选择字母"WUHAN"中的"W"附近一点为串连起始点,选择"执行",则弹出"挖槽"视窗。

在"挖槽"视窗的刀具空白处按鼠标右键,选择"建立新的刀具",弹出"定义刀具"对话框,选择"刀具型式"选项卡,如图 8-45 所示。选择平刀,在"刀具-平刀"选项卡中,设置刀具直径为 0.6 及其他刀具参数,具体参数设置内容如图 8-46 所示。

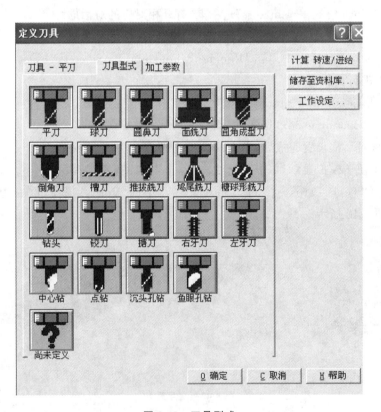

图 8-45　刀具型式

同样,在"挖槽"视窗空白处,单击鼠标右键,选择"工件设定",弹出"工件设定"对话框,如图 8-47 所示。

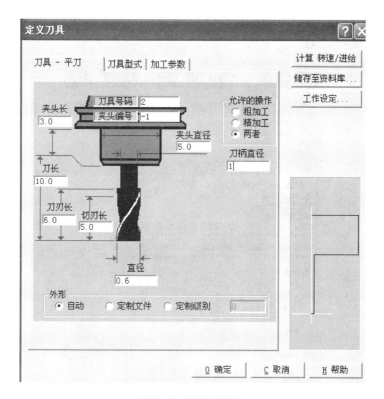

图 8-46　定义新刀具

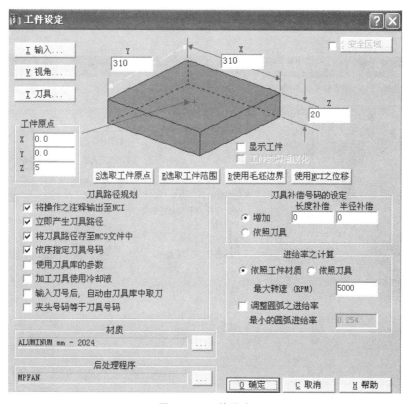

图 8-47　工件设定

单击"材质"下的开关钮，在"材料表"对话框中单击"来源"旁的向下箭头，选择"铣床-资料库"，选择"ALUMINUM mm-2024"，如图 8-48 所示。

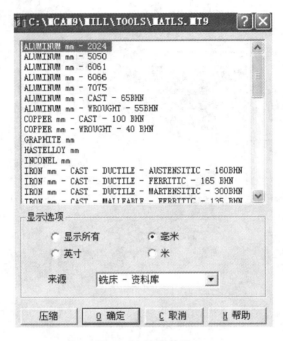

图 8-48　选择材质

在"挖槽"视窗中，单击"挖槽参数"选项卡，设置加工深度为－4，进给下刀位置为 9。如图 8-49 所示。

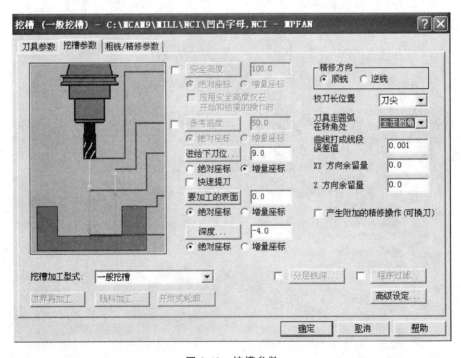

图 8-49　挖槽参数

单击"粗铣/精修参数"选项卡,选择粗加工方式为双向切削,切削间距为刀具直径的50%,粗切角度为0.0。由于字母较小,故不采用精加工,如图8-50所示。

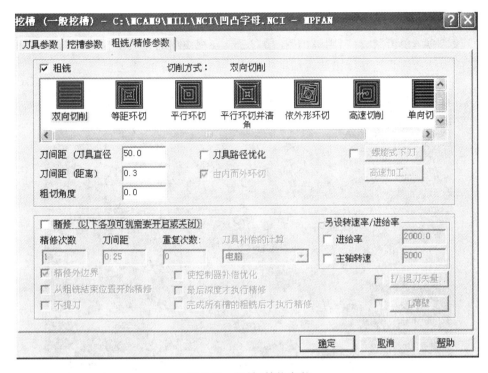

图 8-50 粗铣/精修参数

单击"确定"按钮。系统计算并显示刀具轨迹,设置视角为等角视图,结果如图8-51所示。

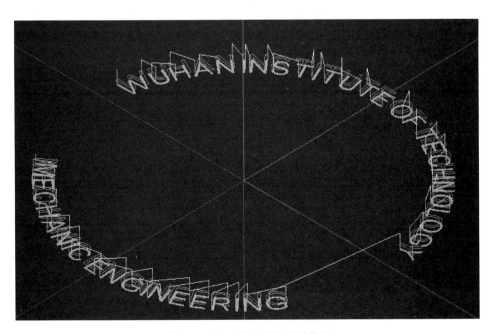

图 8-51 加工凹字母的刀具轨迹

2. 利用挖槽模块,加工一组凸字母

设置视角为俯视图,可看见层别为 1 和 3。

选择"挖槽→窗选"命令,选择图 8-52 中的矩形窗口。选择字母"CAD"中的"C"附近一点为串连起始点,单击"执行",则弹出"挖槽"视窗,在视窗内的刀具空白处按鼠标右键,选择"从刀具库中选择刀具",在弹出的对话框中选择直径为 1 mm 的平刀。

图 8-52　加工凸字母的俯视图

在"挖槽"视窗中,单击"挖槽参数"选项卡,设置加工深度为 1.0,工作表面为 5.0,进给下刀位置为 9.0,加工方向选择"顺铣",在"刀具走圆弧在转角处"中选择"全走圆角"方式,如图 8-53 所示。

单击"粗铣/精铣参数"选项卡,选择粗加工方式为"双向切削",切削间距为刀具直径的 50%,粗切角度为 0.0。选择精加工次数为 1,精修量为 0.01,如图 8-54 所示。

单击"确定"按钮,系统生成第二个刀具轨迹。

3. 加工两圆之间的台阶

两圆 $\phi 310$ 与 $\phi 230$ 之间的台阶,可以在数控加工前先在普通车床上加工好。本例选择在数控机床上加工。选择"挖槽"命令,选择 $\phi 310$ 的圆,选择 $\phi 230$ 的圆,单击"执行",选择 10.0 平刀。

在"挖槽"窗口的"挖槽参数"选项卡中,设置加工深度为 0.0,工作表面为 1.0,进给下刀位置为 9.0,如图 8-55 所示。

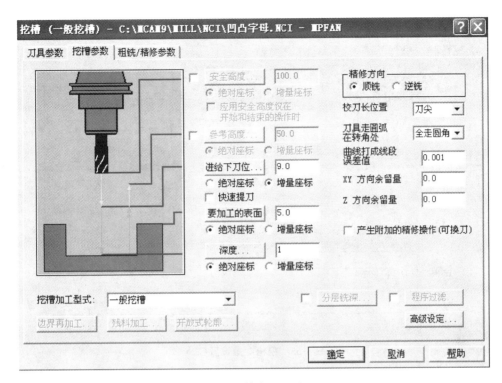

图 8-53　挖槽参数设置（一）

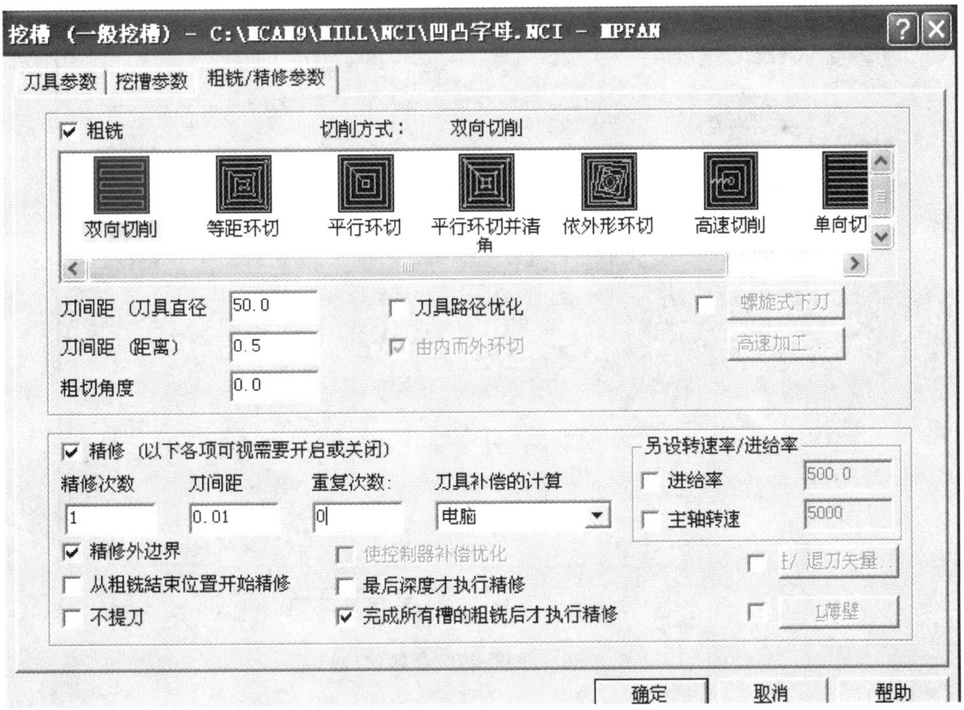

图 8-54　粗铣/精铣参数（一）

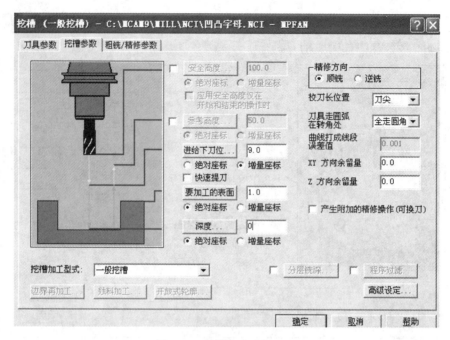

图 8-55　挖槽参数设置(二)

单击"粗铣/精铣参数"选项卡,选择粗加工方式为等距环切,选择精加工次数为1,精修量为0.2,如图8-56所示。

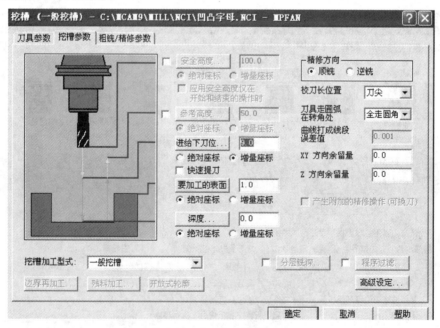

图 8-56　粗铣/精铣参数(二)

单击"确定"按钮,系统生成第三个刀具轨迹。

二、刀具路径模拟和实体切削仿真

参考前面章节的操作。实体切削仿真结果如图 8-57 所示。

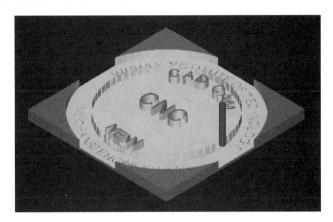

图 8-57　实体切削仿真结果

三、生成数控加工程序并进行程序传输

参考前面章节的操作。

◀ 任务 6　全圆铣削加工 ▶

全圆加工模块是以圆弧、圆或圆心点为几何模型进行加工的。在"刀具路径(Tools Paths)"子菜单中顺序选择"下一页→全圆路径→全圆铣销(Next Menu→Circ Tlpths→Circle mill)"选项,在弹出的子菜单中包含有三个选项,选择不同的选项则可选用不同的加工方式,包括全圆铣削(Circle Mill)、螺旋铣削(Thread Mill)、自动钻孔(Auto Drill)、钻孔式除料(Start Holes)、键槽铣削(Slot Mill)和螺旋钻孔(Helix Bore)。螺旋铣削加工生成的刀具路径为一系列的螺旋形刀具路径。自动钻孔加工在选择了圆或圆弧后,系统将自动从刀具库中选择适当的刀具,生成钻孔刀具路径。钻孔式除料用于较大余量材料的去除。

一、全圆铣削

全圆铣削加工方式生成的刀具路径由切入刀具路径、全圆刀具路径和切出刀具路径组成。其特有的参数如下。

圆的直径(Circle Diameter):当选择的几何模型为圆心点时,该选项用来设置圆的直径;否则直接采用选择圆弧或圆的直径。

起始角度(Start Angle):设置全圆刀具路径起点位置的角度。

进/退刀弧之扫掠角度(Entry/Exit Arc):设置进刀/退刀圆弧刀具路径的扫掠角度,该设置值应小于或等于 180°。

由圆心开始(Start at Center):选择该复选框时,以圆心作为刀具路径的起点;否则以进刀圆弧的起点为刀具路径的起点。

垂直进刀(Perpendicular Entry):当选择该复选框时,在进刀/退刀圆弧刀具路径起点/终点处增加一段垂直圆弧的直线刀具路径。

粗铣(Roughing):选择该复选框后,全圆铣削加工相当于挖槽加工。

二、螺旋铣削

生成螺旋铣削方式刀具路径的步骤如下。

(1) 选择"Main Menu→Tools Paths→Next Menu→Circ Tlpths→Thread Mill"选项。

(2) 选择一段圆弧进行串连。

(3) 如果提示需要输入起始点,用鼠标指针在图中选择一个点,单击"Done"按钮。

(4) 打开"螺旋铣削"对话框,在其中设置"螺旋铣削参数"对话框。设置完成后,单击"确定"按钮,则系统生成螺旋铣削刀具路径。

三、自动钻孔

自动钻孔铣削步骤与前面两种铣削方法类似,不同的是自动钻孔铣削的刀具设置参数不同。各参数的含义如下。

Tools Parameters 选项组:用于设置自动钻孔刀具参数。

Finish Tool Type:精加工刀具类型。

Create Arcs on Selected Points:在所选择的点构建圆弧。

Spot Drilling Operation 选项组:用于点钻操作参数设置。

Generate Spot Drilling Operation:产生点钻操作。

Maximum Tool Depth:设置最大刀具深度。

Chamfering with the Spot Dill 选项组:设置在点钻时构建斜角。

None:不构建斜角。

Add Depth to Spot Drilling Operation:将构建斜角作为点钻操作的最后一部分。

Make Separate Operation:设置构建斜角为一个单独的操作。

四、全圆铣削加工实例

在前面练习中各加工方式的基础上对工件进行全圆铣削加工,操作步骤如下。

(1) 顺序选择"主功能表→刀具路径→下一页→全圆路径→全圆铣销(Main Menu→Tools Paths→Next Menu→Circ Tlpths→Circle Mill)"选项。

(2) 系统提示选择加工的几何模型,将视图设置为俯视图,选择要铣削的圆后连续选择两次"执行(Done)"选项。

(3) 系统弹出"全圆铣削参数(Circlemill Parameters)"对话框的"刀具参数(Tools Parameters)"选项卡。在刀具列表中选择直径为 5 mm 的平铣刀。

(4) 单击"Circmill Parameters"标签,在"Circmill Parameters"选项卡中设置高度、起始角度、扫掠角度及加工预留量等参数。

(5) 设置分层铣削和粗铣削参数。

（6）进行参数的设置后，单击"Circlemill Parameters"对话框中的"确定"按钮，系统即可计算出刀具路径，将视图设置为等角视图，生成刀具路径。

（7）进行仿真加工模拟，加工模拟的结果如图 8-58 所示。

图 8-58　全圆铣削加工实例仿真结果图

◀ 任务 7　二维铣削加工综合实例 ▶

一、绘制图形并进行工作设定

在俯视构图面（$Z=0$）中绘制图形，如图 8-59 所示。可不绘 Z 轴方向深度，但要注意中间部位槽深是 5 mm，而 12 mm 宽的腰形槽是通槽，直径 10 mm 的孔是通孔。工件毛坯是 90 mm×90 mm 的方料，厚度为 16 mm。工作设定时，因为图形不完全对称，工件毛坯的中心在系统坐标系中的坐标为（0，10，0），与系统原点（构图原点）不重合。

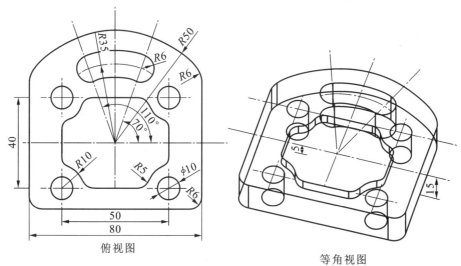

图 8-59　二维综合加工图

二、工艺分析

(1) 先应进行面铣,铣削深度为 1,选用 16 mm 的平刀加工。

(2) 外形铣削采用 16 mm 的平刀进行,因单边加工余量为 5 mm,XY 方向不需分层。

(3) 中间部位挖槽圆角半径为 5 mm,腰形槽槽宽为 12 mm,故均可采用 10 mm 的平刀进行加工。

(4) 选用直径 10 mm 的钻头加工四个直径为 10 mm 的通孔。

三、编制刀具路径

1. 面铣

(1) 将构图面设定为俯视图。

(2) 依次选择"刀具路径→平面铣销→执行",系统将弹出面铣加工参数对话框。在弹出要选择面铣对象时直接单击"执行",系统即对整个毛坯范围进行面铣。

(3) 设定所需的刀具时,在"刀具参数"表中的刀具区域单击鼠标右键,在弹出的对话框中选"从刀具资料库中取得刀具资料",选刀具不过滤,然后选择所需的三把刀具,如图 8-60 所示。

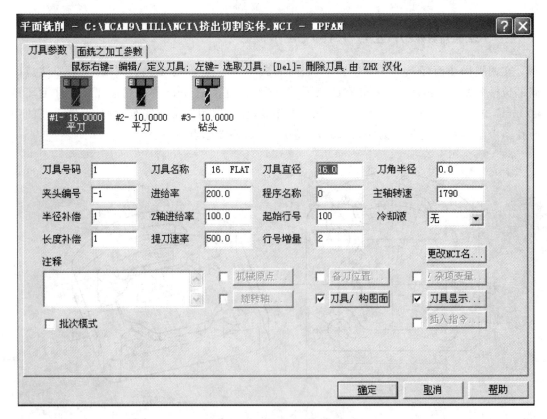

图 8-60　三把刀具参数设置

（4）设定面铣加工参数，如图 8-61 所示。

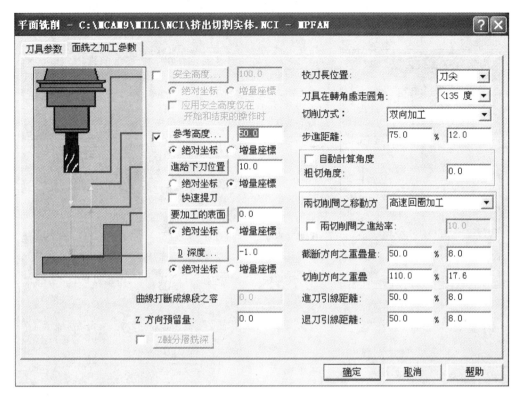

图 8-61 面铣加工参数

（5）设定参数后，单击"确定"按钮。

（6）进行路径模拟验证时，在"操作管理"中选择"刀路模拟"，可进行手动或自动路径模拟，以检验路径的正确性。

（7）进行实体切削验证，在"操作管理"中选择"实体验证"，进行实体切削验证。

（8）验证该路径后，为了不影响后续加工路径的显示，按 Alt＋T 先关闭此操作的刀具路径显示。

2. 外形铣削

（1）在主功能表中依次选择"刀具路径→外形铣削"。

（2）定义外形铣削图素时，选择"串连"，单击要铣削的外形边界，串连完成，选择"执行"。弹出参数对话框。

（3）设定外形铣削参数，如图 8-62 所示。其中图 8-63 所示为"Z 轴分层铣深设定"对话框，图 8-64 所示为"XY 平面分次铣削设定"对话框。

（4）参数设定好以后单击"确定"按钮，屏幕将显示外形铣削加工的刀具路径（图 8-65）。

3. 挖槽加工

两处挖槽均采用 10 mm 的平刀，先设定深度为 5 mm 的方槽加工。加工步骤如下。

（1）在主功能表，依次选择"刀具路径→挖槽加工"。

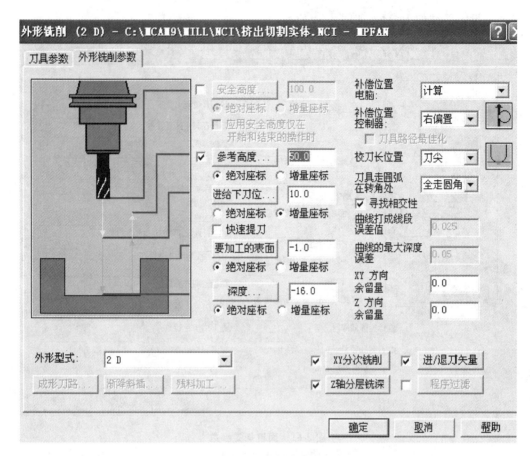

图 8-62　外形铣削参数

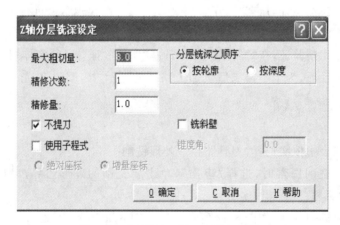

图 8-63　"Z 轴分层铣深设定"对话框

（2）定义挖槽边界,串连图中方槽边界。

（3）设定挖槽参数,如图 8-66 所示。通过分层铣深来精修槽底,参数设置如图 8-67所示。

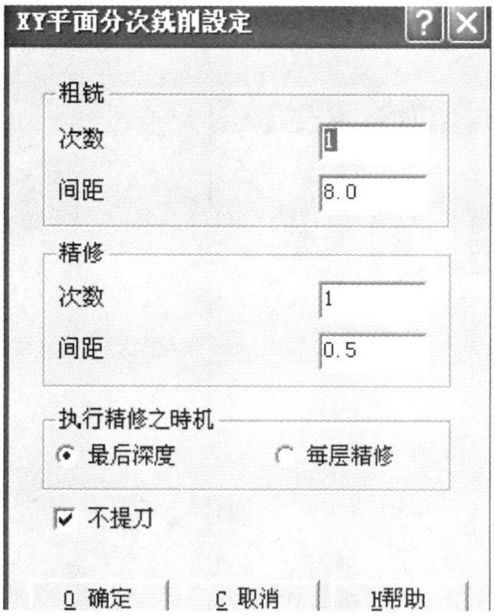

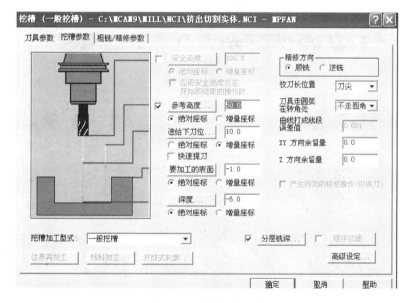

图 8-64　"XY 平面分次铣削设定"对话框 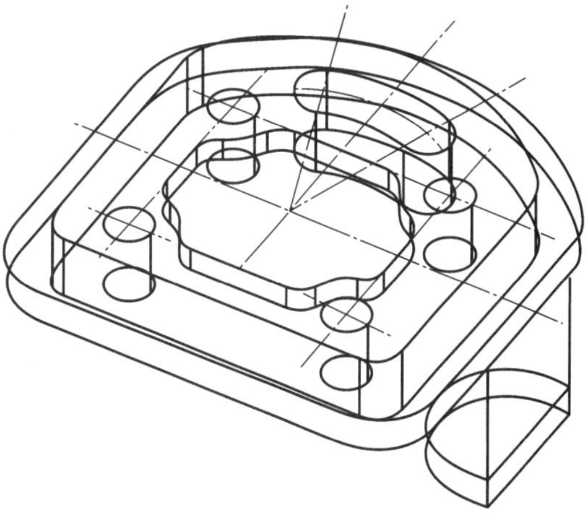　　　　图 8-65　外形铣削加工的刀具路径

图 8-66　挖槽参数设置

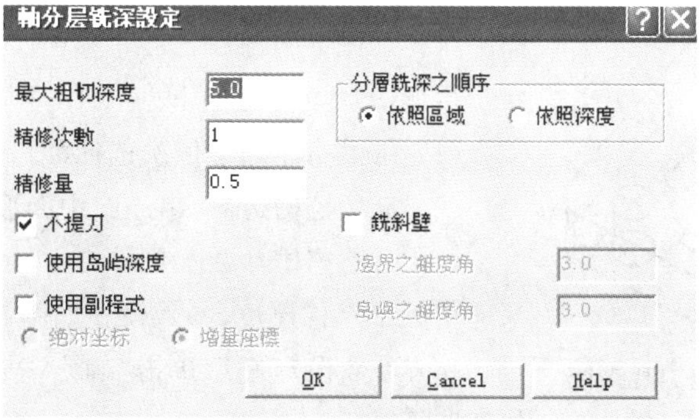

图 8-67　分层铣深参数设置

（4）设定粗加工/精加工参数，如图 8-68 所示。图 8-69 所示是挖槽加工中螺旋下刀参数的设置。

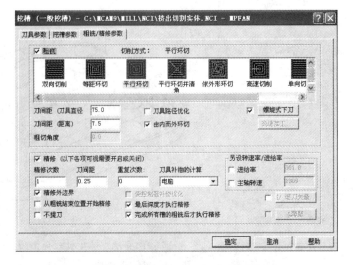

图 8-68　粗加工/精加工参数设置

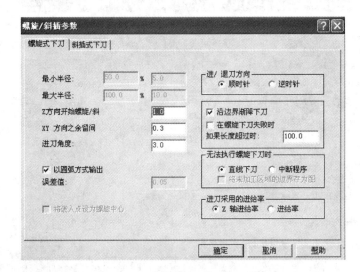

图 8-69　螺旋下刀参数的设置

挖槽刀具路径

图 8-70　挖槽加工路径

（5）参数设定好后单击"确定"按钮，屏幕将显示挖槽加工路径如图 8-70 所示。

腰形槽加工步骤如下。

（1）在主功能表中依次选择"刀具路径→挖槽加工"。

（2）定义挖槽边界，串连图中腰形槽边界。

（3）设定挖槽参数如图 8-71 所示，Z 轴分层铣深的槽深应稍大于工件厚度，参数设置如图 8-72 所示。

（4）参数设定好后单击"确定"按钮，屏幕将显示挖槽加工路径。

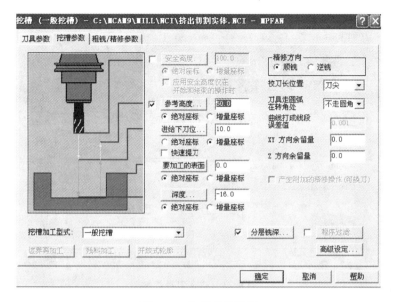

图 8-71 挖槽参数设置

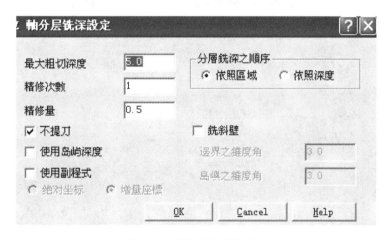

图 8-72 分层铣深参数设置

4. 钻孔加工

选择 10 mm 的钻头进行钻孔加工。加工步骤如下。

(1) 在主功能表中依次选择"刀具路径→钻孔"。

(2) 定义孔中心时,选择"手动输入→圆心点",鼠标指针选择直径 10 mm 圆孔,即可得到圆心点。选择完四个钻孔点以后,按 Esc 键,结束选点,然后再单击"执行"。

(3) 设定刀具参数时应注意降低主轴转速,如图 8-73 所示。

(4) 设定钻孔参数,如图 8-74 所示,设置刀尖补偿参数如图 8-75 所示。

(5) 参数设置好以后单击"确定"按钮,即可产生钻孔刀具路径。

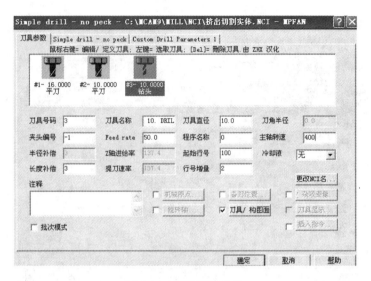

图 8-73　钻孔刀具参数

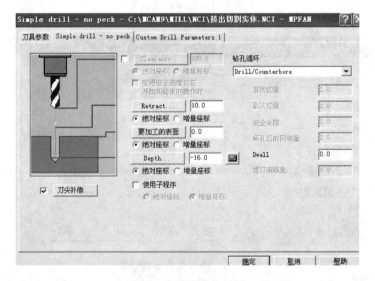

图 8-74　钻孔参数设置

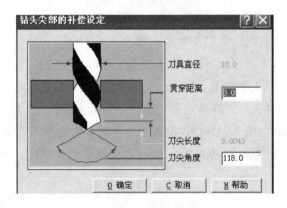

图 8-75　刀尖补偿设置

四、操作管理

当以上刀具路径全部生成后,在"操作管理"对话框中会产生如图 8-76 所示的操作项目。所有操作既可展开(如"平面铣削"),也可压缩(如"外形铣削"等),单击操作名即可展开或压缩操作项。

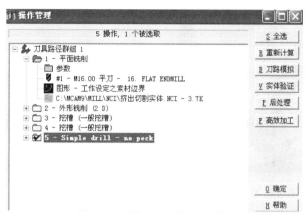

图 8-76   操作管理

五、路径模拟

路径模拟操作主要检验刀具路径是否正确。在"操作管理"对话框中,可选择所要模拟的操作,也可以按住 Shift 键,再选择要模拟的操作,这样可以选择多个操作,还可单击全选按钮来选择所有的操作。单击"刀路模拟",即可对所选操作的刀具路径进行手动或自动模拟。

六、实体验证

在图 8-76 中选择所有的操作,单击"实体验证"按钮,进行实体加工模拟。结果如图8-77 所示。

七、后处理

后处理操作用于产生实际加工的 NC 程序。选择进行后处理操作时要注意,对于没有自动换刀功能的数控机床,每次只能选择使用相同刀具的操作产生 NC 程序,而对于有自动换刀功能的数控机床(加工中心)可以选择所有的操作进行后处理。

单击"操作管理"中"后处理",系统弹出"后处理程序"对话框,如图 8-78 所示。然后确认 NCI 文件名和 NC 文件名,最后可得到图 8-79 所示的 NC 加工程序,该程序就是数控机床可执行的程序。

八、机床加工

(1) 将后处理所产生的 NC 程序经修改后安装到与机床相连的计算机。
(2) 在机床上正确装夹并校准毛坯。

图 8-77　实体验证

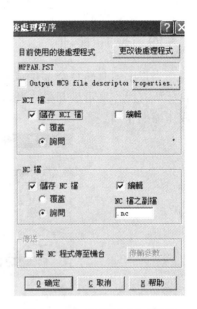

图 8-78　"后处理程序"对话框

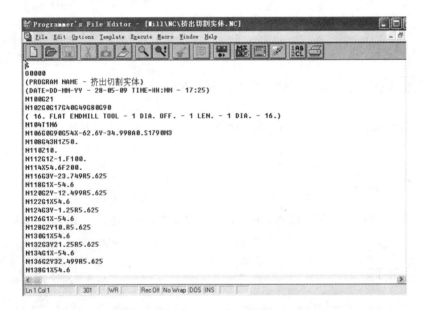

图 8-79　NC 加工程序

（3）对刀时,对于余量较大的毛坯可采用试切法,找正毛坯中心,同时要保证刀具的原点与编程时所用的图形原点一致。本例中,毛坯中心与编程原点不一致,所以当刀具找正毛坯中心后,该中心并非系统原点(图形编程原点),必须用 MDI(手动输入)指令设定该毛坯中心在系统坐标系的坐标值(0,10,0)。

（4）将 NC 程序传输至机床,小文件可直接传输至机床存储器中后再加工,大文件只能边传输边加工。

项目 9

三维铣削加工

◀ 项目摘要

通过本项目的学习,掌握三维铣床加工系统中的加工类型、各加工模块的功能以及各模块基本参数的设置方法。通过任务 3 和任务 4 的典型实例掌握铣床三维加工系统中各加工模块的功能、参数设置及使用方法,最终完成三维曲面和实体零件的加工并生成数控机床使用的 NC 程序。学会使用操作管理器进行刀具路径模拟、加工模拟及通过选择的后处理器进行后处理生成 NCI 文件和 NC 文件的方法。

曲面刀具路径用来加工曲面、实体或实体表面。大部分复杂的空间形状的零件(如模具等)都要用曲面加工功能来加工。MasterCAM 有两大类曲面刀具路径:粗加工和精加工路径。而粗加工必须在精加工之前执行。其中粗加工共有 8 种刀具路径,精加工有 10 种刀具路径。图 9-1 所示是粗加工刀具路径的 8 种形式和精加工刀具路径的 10 种形式。

刀具路径:	曲面/实体/CAD	曲面粗加工:	曲面精加工:
W 起始设定	R 粗加工	P 平行铣削	P 平行铣削
C 外形铣削	F 精加工		A 陡斜面加工
D 钻孔		R 放射状加工	R 放射状加工
P 挖槽		J 投影加工	J 投影加工
F 平面铣削		F 曲面流线	F 曲面流线
U 曲面加工	D 加工面 S	C 等高外形	C 等高外形
A 多轴加工	CAD file N	M 残料粗加工	S 浅平面加工
Q 操作管理	C 干涉检查 N	K 挖槽粗加工	E 交线清角
J 工作设定	T 定义范围 Y	G 钻削式加工	L 残料清角
N 下一页			Q 环绕等距

图 9-1 曲面加工菜单

◀ 任务 1　曲面粗加工 ▶

大部分零件的加工都要先进行粗加工,然后进行精加工。粗加工的步骤如下。

(1) 绘出曲面模型,如有需要可绘制边界轮廓。

(2) 从主功能表中选择"刀具路径→曲面加工→粗加工",出现曲面粗加工菜单。

(3) 选择一种粗加工方法。

(4) 设定粗加工参数以及与所选的加工方法相对应的专用参数。

(5) 如需要可设定边界轮廓。

(6) 执行加工刀具路径。

一、共同参数

不同的加工类型有其各自特定的设置参数,这些参数又可分为共同参数和特定参数两类。在曲面加工系统中,共同参数包括刀具参数和曲面参数。各铣削加工模块中刀具参数的设置方法都相同,其设置与前面章节的二维加工方式相同。曲面参数对于所有曲面加工模块都基本相同。

所有的粗加工模块和精加工模块,都可以使用"曲面加工参数(Surface Parameters)"选项卡来设置曲面参数,如图 9-2 所示。

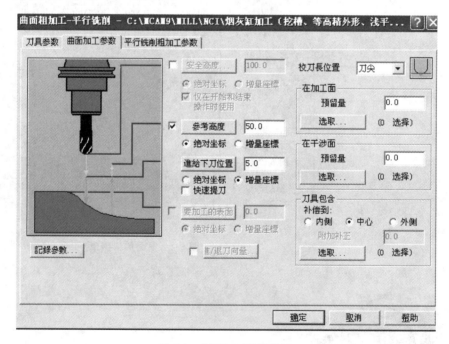

图 9-2　曲面加工参数设置

1. 高度设置

在"曲面加工参数(Surface Parameters)"选项卡中使用 4 个参数来定义 Z 轴方向的刀

具路径:安全高度(Clearance)、参考高度(Retract)、进给下刀位置(Feed Plane)和要加工的表面(Top of Stock)。这些参数与二维加工模块中对应参数的含义相同。最后切削深度(Cut Depths)是系统根据曲面的外形自动设置的,在曲面精加工选项卡中没有该选项。

2. 记录参数 Regen 文件

在生成曲面加工刀具路径时,可以设置该曲面加工刀具路径的一个 Regen 文件。当对该刀具路径进行修改时,Regen 文件可用来加快刀具路径的刷新。在曲面参数选项卡中选中"Regen"按钮前的复选框后单击该按钮,打开 "Regen Files"对话框。该对话框用于设置 Regen 文件保存位置。

3. 进/退刀向量

可以在曲面加工刀具路径中设置进刀与退刀刀具路径。选择"Surface Parameters"选项卡中"进/退刀向量(Direction)"按钮前的复选框,单击该按钮,打开"Direction"对话框。该对话框用来设置曲面加工时进刀和退刀的刀具路径。

4. 使用干涉检查

曲面加工时,如果已设定某一个或多个曲面作为加工干涉面,那么选择该复选框就表示在加工过程中执行干涉检查。否则不执行干涉检查。

5. 定义切削范围

曲面加工时,用户可绘制或设定一个封闭区域作为特定的加工范围。选择定义切削范围复选框,系统在参数设置完以后会提示要指定的切削范围,可用串连等方式来指定切削范围。

二、平行式粗加工

1. 平行铣削粗加工参数设置

在曲面粗加工子菜单中选择"平行式粗加工(Parallel)"选项,可打开平行式粗加工模块。该模块可用于生成平行粗加工切削刀具路径。使用该模块生成刀具路径时,除了要设置曲面加工共有的刀具参数和曲面参数外,还要设置一组平行式粗加工模块特有的参数。可通过"平行铣削粗加工参数(Surface Rough Parallel)"对话框中的"Rough Parallel Parameters"选项卡来设置。

1) 刀具路径误差

"刀具路径误差(Cut Tolerance)"输入框用来设置刀具路径与几何模型的精度误差。误差值设置得越小,加工得到的曲面越接近几何模型,但加工速度较低,为了提高加工速度,在粗加工时其值可稍大一些。

2) 最大步距值

"最大步距值(Max Stepover)"输入框用来设置两相邻切削路径层间的最大距离。该设置值必须小于刀具的直径。这两个值设置得越大,则生成的刀具路径数目越少,加工结果越粗糙;若值设置得越小,则生成的刀具路径数目越多,加工结果越平滑,但生成刀具路径的时间较长。

3) 刀具移动形式

"刀具移动形式(Cutting Method)"下拉列表框用来设置刀具在 X-Y 方向的走刀方式。

可以选择"双向(ZigZag)"或"单向(One Way)"走刀方式。当选择单向走刀方式时,加工时刀具只能沿一个方向进行切削;当选择双向走刀方式时,加工中刀具可以往复切削曲面。

4)加工角度

"加工角度(Machining Angle)"下拉列表框用来设置刀具路径与 X 轴的夹角。定位方向为:0°为 X 轴正方向,90°为 Y 轴正方向,180°为 X 轴负方向,270°为 Y 轴负方向,360°为 X 轴正方向。

5)刀具路径起点

当选择"刀具路径起点(Prompt for Starting Point)"复选框时,在设置完各参数后,需要指定刀具路径的起始点,系统将选择最近的工件角点为刀具路径的起始点。

6)切削深度

单击"切削深度(Cut Depths)"按钮,打开"切削深度(Cut Depths)"对话框,在该对话框中设置粗加工的切削深度,可以选择"绝对坐标(Absolute)"或"增量坐标(Incremental)"方式来设置切削深度。

7)刀间距

单击"刀间距(Gap Settings)"按钮,打开对话框,该对话框用来设置刀具在不同间距时的运动方式。

8)边界设置

单击"边界设置(Advanced Settings)"按钮,打开对话框,该对话框用来设置刀具在曲面或实体边缘处的加工方式。

2. 平行式粗加工实例

用平行式粗加工模块加工曲面几何模型,其操作步骤如下。

(1)打开几何模型如图 9-3 所示,顺序选择"主功能表(Main Menu)→刀具路径(Tool Paths)→工件设定(Job Setup)"选项,单击"工件设定(Job Setup)"对话框中的"边界盒(Bounding Box)"按钮,在绘图区选择所有曲面后选择"执行(Done)"选项,设置"工件设定(Job Setup)"对话框中的参数。

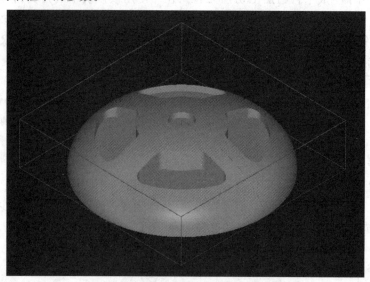

图 9-3　几何模型

（2）选择"显示工件（Display Stock）"复选框，单击"OK"按钮，打开"工件设定（Job Setup）"对话框（如图 9-4 所示），显示工件外形。

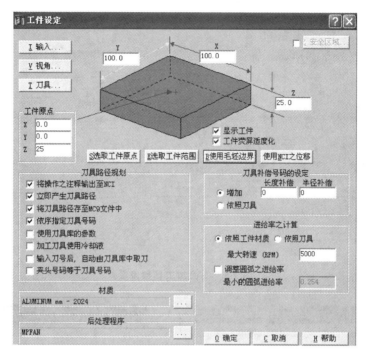

图 9-4 工件设定

（3）在主菜单中顺序选择"主功能表（Main Menu）→刀具路径（Tools Paths）→曲面（Surface）→粗加工（Rough）→平行式粗加工（Parallel）→凸（Boss）"。

（4）在打开的选择曲面子菜单中顺序选择"所有的（All）→曲面（Surfaces）→执行（Done）"，选择所有曲面。

（5）系统弹出"曲面粗加工-平行铣削（Surface Rough Parallel）"对话框，在"刀具参数（Tool Parameters）"选项卡中的刀具列表中单击鼠标右键，选择快捷菜单中的"从刀具库选刀（Get Tool from Library）"选项。

（6）从刀具库中选择直径 10 mm 的球头铣刀，并设置刀具参数。

（7）单击"曲面粗加工-平行铣削（Surface Rough Parallel）"对话框的"曲面加工参数（Surface Parameters）"选项卡，设置曲面参数，在此将预留量设置为 0.4 mm。如图 9-5 所示。

（8）单击"平行铣削粗加工参数（Rough Parallel Parameters）"选项卡，设置选项卡中的平行式粗加工参数，将加工角度设置为 0，如图 9-6 所示。

（9）单击"确定"按钮，系统返回绘图区并按设置的参数生成加工刀具路径。

（10）选择"刀具路径（Tools Paths）"子菜单中的"操作管理（Operations）"选项，单击"实体验证（Verify）"按钮，显示仿真加工后的结果如图 9-7 所示。

三、放射状粗加工

在"曲面粗加工（Surface Roughing）"子菜单中选择"放射状加工（Radial）"选项，可打开放射状粗加工模块。该模块有些参数与平行式粗加工的相同，其他的参数用来设置放射状刀具路径的形式。放射状刀具路径参数通过起始角度（Start Angle）、扫掠角度（Sweep

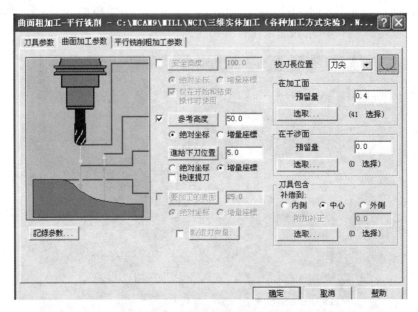

图 9-5　曲面加工参数设置

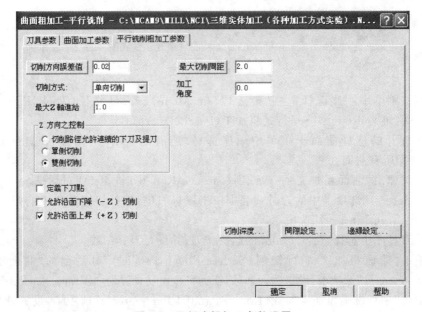

图 9-6　平行式粗加工参数设置

Angle)、角度增量(Angle Increment)、偏移距离(Start Distance)和中心点(Starting Point)等参数来设置。

　　放射状粗加工的操作步骤如下。

　　(1) 打开要采用放射状粗加工模块加工的模型文件。

　　(2) 顺序选择"Main Menu→Tools Paths→Job Setup"选项,进行工件设置。

　　(3) 在主菜单中顺序选择"主功能表(Main Menu)→刀具路径(Tools Paths)→曲面(Surface)→粗加工(Rough)→放射状粗加工→凸(Boss)"。

　　(4) 在弹出的选择曲面子菜单中顺序选择"所有的(All)→曲面(Surfaces)→执行

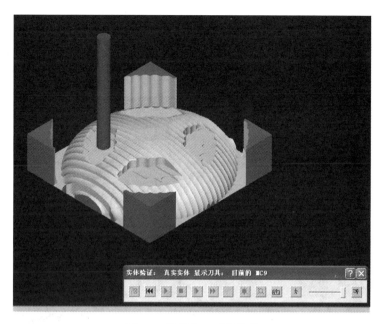

图 9-7　仿真加工后的结果

(Done)"。选择所有曲面。

（5）系统弹出"曲面粗加工-放射状（Surface Rough Radial）"对话框，在"Tool Parameters"选项卡中的刀具列表中单击鼠标右键，选择快捷菜单中的"从刀具库中选刀（Get Tool from Library）"选项，从刀具库中选择直径 10 mm 的球头铣刀。

（6）单击"曲面粗加工-放射状（Surface Rough Radial）"对话框中的"曲面加工参数（Surface Parameters）"选项卡，进行曲面加工的参数设置，在此将预留量设置为 0.3 mm。

（7）单击"放射状粗加工参数（Rough Radial Parameters）"选项卡，设置放射状粗加工参数，在此将最大角度增量设置为 3.0，最大 Z 轴进给量设置为 2.1，如图 9-8 所示。

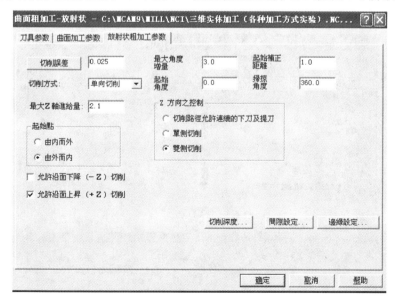

图 9-8　放射状粗加工参数设置

（8）单击"确定"按钮，系统返回绘图区，选择原点为中心点后，生成加工刀具路径。

（9）选择"刀具路径（Tools Paths）"子菜单中的"操作管理（Operations）"选项，在打开的"操作管理（Operations Manager）"对话框中单击"实体验证（Verify）"按钮，显示模拟加工后的结果。从模拟加工结果可以看出，越靠近中心点位置的区域，其表面加工精度越高，如图9-9所示。

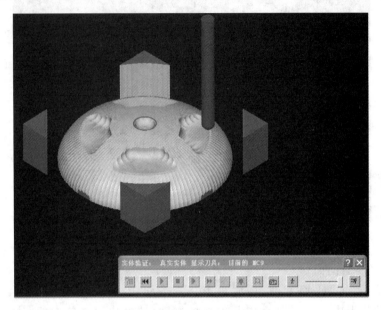

图 9-9　放射状粗加工模拟加工结果

四、投影式粗加工

在"曲面粗加工"子菜单中选择"投影加工（Project）"选项，可打开投影粗加工模块。该模块可将已有的刀具路径或几何图像投影到曲面上生成粗加工刀具路径。可以通过"投影粗加工参数（Rough Project Parameters）"选项卡来设置该模块的参数，如图9-10所示。

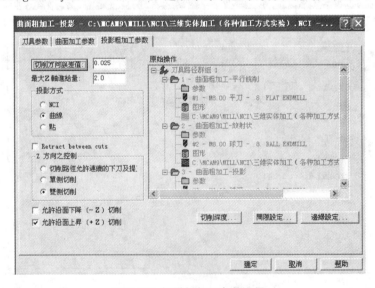

图 9-10　投影粗加工参数设置

该模块的参数设置需要指定用于投影的对象,如图 9-11 和图 9-12 所示。可用于投影的对象包括:已有的刀具路径(NCI)、已有的一组曲线(Curves)和已有的一组点(Points)可以在"Projection Type"选项组中选择其中的一种。如果选择用 NCI 文件进行投影,则需在"Source Operation"列表中选择 NCI 文件;如果选择用曲线或点进行投影,则在关闭该对话框后还要选择用于投影的一组曲线或点。

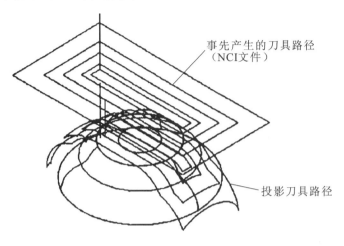

事先产生的刀具路径
(NCI文件)

投影刀具路径

图 9-11　刀具路径投影

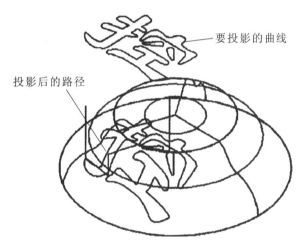

要投影的曲线

投影后的路径

图 9-12　曲线投影

五、流线粗加工

该模块可以沿曲面流线方向生成粗加工刀具路径。

六、等高线式粗加工

在"曲面粗加工(Surface Roughing)"子菜单中选择"等高外形(Contour)"选项,可打开等高线粗加工模块。该模块可以在同一高度(Z 不变)沿曲面生成加工路径。可通过"等高外形粗加工参数(Rough Contour Parameters)"选项卡来设置该模块的参数,如图9-13所示。

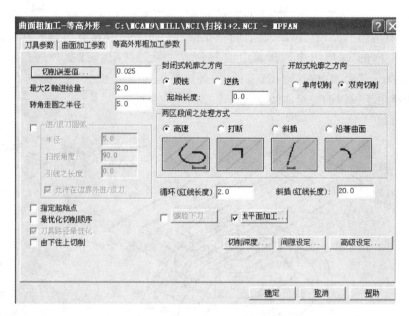

图 9-13　等高线粗加工参数设置

该组等高线是特有的参数设置,包括封闭外形铣削(Direction of Closed Contours)方式的设置、开放外形铣削(Direction of Open Contours)方式的设置及移动量小于允许间隙(Transition)的刀具移动方式的设置。

当用于封闭外形加工时,其铣削方式可设置为顺铣(Conventional)或逆铣(Climb)。用于开放曲面外形加工时,其铣削方式可设置为单向切削(One Way)或双向切削(ZigZag)。

七、挖槽粗加工

该模块通过切削所有位于凹槽边界的材料而生成粗加工刀具路径。

挖槽粗加工模块参数与二维挖槽模块及本章介绍的有关参数设置的内容基本相同,可参考前面的内容进行设置。

八、插入式下刀粗加工

该模块可以按曲面外形在 Z 方向生成垂直进刀粗加工刀具路径。

该组参数只有切削误差、最大行进刀量和最大层进刀量 3 个参数,其含义及设置方法与前面章节介绍的相同。

◀ 任务2　曲面精加工 ▶

一、平行式精加工

在"曲面精加工(Surface Finishing)"子菜单中选择"平行式精加工(Parallel)"选项,可以打开平行式精加工模块。该模块可以生成平行切削精加工刀具路径。可以通过"平行式精加工参数(Finish Parallel Parameters)"选项卡来设定该模块的参数。

"平行式精加工(Finish Parallel Parameters)"选项卡中的各参数的含义与"平行铣削粗加工参数(Rough Parallel Parameters)"选项卡中对应的参数含义相同。由于精加工不进行分层加工,所以没有层进刀量和下刀/提刀方式的设置。同时允许刀具沿曲面上升和下降方向进行切削。

二、陡斜面式精加工

该模块用于清除曲面斜坡上残留的材料,一般需与其他精加工模块配合使用。

三、放射状精加工

该模块可以生成放射状的精加工刀具路径。

"放射状精加工(Finish Radial Parameters)"选项卡中各参数的含义与"放射状粗加工参数(Rough Radial Parameters)"选项卡中对应参数含义相同,由于不进行分层加工,所以没有层进刀量、下刀/提刀方式及刀具沿 Z 向移动方式的设置。

四、投影式精加工

该模块可以将已有的刀具路径或几何图形投影到选择曲面上生成精加工刀具路径。

该组参数与投影粗加工模块的参数设置相比,除了取消了层进刀量、下刀/提刀方式及刀具沿 Z 向移动方式的设置外,还增加了"添加深度(Add depths)"复选框。在采用 NCI 文件作投影时,选择该复选框,则系统将 NCI 文件的 Z 轴深度作为投影后刀具路径的深度;若未选择该复选框则由曲面来决定投影后刀具路径的深度。

五、曲面流线式精加工

该模块可以生成流线式精加工刀具路径。可以通过"曲面流线式精加工参数(Finish Flowline Parameters)"选项卡来设置该模块特有的参数。该组参数除了取消层进刀量、下刀/提刀方式及刀具沿 Z 向移动方式的设置外,其他选项与流线粗加工模块的参数设置相同。

六、等高线式精加工

该模块可以在曲面上生成等高线式的精加工刀具路径。
该组参数的设置方法与等高线粗加工模块的参数设置完全相同。

七、浅平面式精加工

该模块可以用于清除曲面坡度较小区域的残留材料,并需与其他精加工模块配合使用。

八、交线清角式精加工

该模块用于清除曲面间的交角部分残留材料,并需与其他精加工模块配合使用。

九、残料清除精加工

该模块用于清除由于大直径刀具加工所造成的残留材料,需要与其他精加工模块配合使用。

十、环绕等距式精加工

该模块用于生成一组等距环绕工件曲面的精加工刀具路径。

◀ 任务3 曲面综合加工实例 ▶

本例中将介绍曲面平行铣削粗加工(Parallel Rough),曲面平行精加工,残料清角(Leftover)精加工和交线清角(Pencil)精加工。

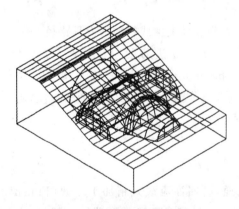

调出图形图 5-70"曲面综合加工. mc9",如图 9-14 所示。

平行铣削粗加工用以除去大量的零件毛坯材料,采用平头端铣刀替代球头刀来粗加工,可以加快除去毛坯材料。平行铣削主要用于对单一凸起成凹陷的工件做粗加工,依某一角度方向来回切削,计算速度快,应用范围广。它的缺点是与加工角度成 90° 垂直方向的表面较粗糙。这种方法不适用于有多个凸起形状零件的加工,因为这种零件的刀具路径包含了许多上下刀运动。

图 9-14 曲面综合加工零件图

需要指出的是,在 MasterCAM 的曲面加工中,所选择的有些曲面可能在另外一些曲面的下面,但使用者并不需要对这些曲面进行修整(Trim),系统会自动处理,仅仅加工最高位置的曲面即可。

1. 工件设定

选择"刀具路径→工件设定",弹出如图 9-15 所示对话框。选择"工作范围",选择图 9-16 中对角上两点 1 和 2,在工件原点的 Z 处输入 2,选择"显示工件",单击"确定"按钮。

需要说明的是,设置工件毛坯范围并不是必须的,但它可以在实体切削验证时产生更精确合适的仿真效果。

2. 粗加工

选择"刀具路径→曲面加工",设置加工面为 A,即将所有曲面设为加工面,设置定义范围为 Y,表示要定义的切削范围,如图 9-17 所示。

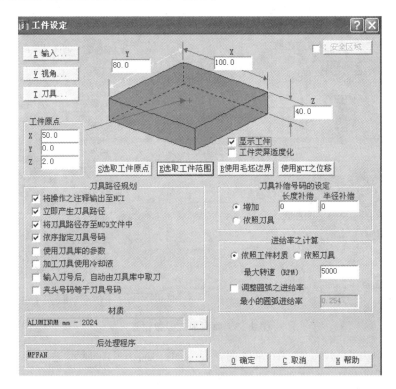

图 9-15　工件设定

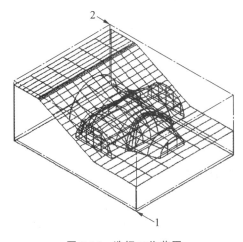

图 9-16　选择工作范围　　　　　　　　　　图 9-17　曲面加工选项

　　选择"刀具路径→曲面加工→粗加工→平行铣削→凸"。这里菜单中的"凸"、"凹"或"未
指定"选项,其作用是系统会在"平行铣削粗加工参数"窗口中先将"切削方式"、"Z 方向之控
制"等选择设为合适的参数,供使用者设定。弹出的对话框如图 9-18 所示。

　　选择 10 mm 平铣刀,曲面加工参数设置如图 9-18 所示。设置进给下刀位置为增量坐标
方式。增量坐标为相对于工件表面的上升值,因此随曲面表面 Z 值的不同,该进给下刀位置
的绝对值 Z 值也不同。

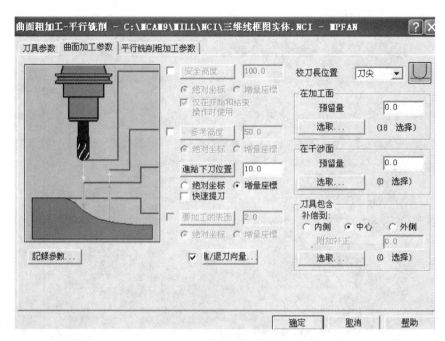

图 9-18　曲面加工参数设置

单击"进/退刀向量"按钮,在弹出的对话框中,如图 9-19 所示进行参数设置。设置进/退刀向量可以使刀具在工件外进刀或退刀。

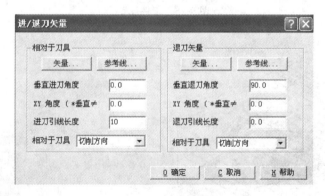

图 9-19　进/退刀向量设置

在"平行铣削粗加工参数"选项卡中,参数设置如图 9-20 所示。选择"定义下刀点",设为单向切削,即刀具只在工件的一侧下刀作切削加工。同时设置"允许沿面上升",此设置用以限制刀具运动,防止刀具直接下降到需切削的材料。

单击"切削深度"按钮,在弹出的"切削深度的设定"对话框中,设置为"增量坐标",输入顶预留量和底部预留量的值,如图 9-21 所示。顶预留量设置刀具第一次切削深度与曲面最高点之间的距离,取正值为最高点下面;底部预留量设置刀具最后一次切削深度与曲面最低点之间的距离,取正值为在最低点上面。

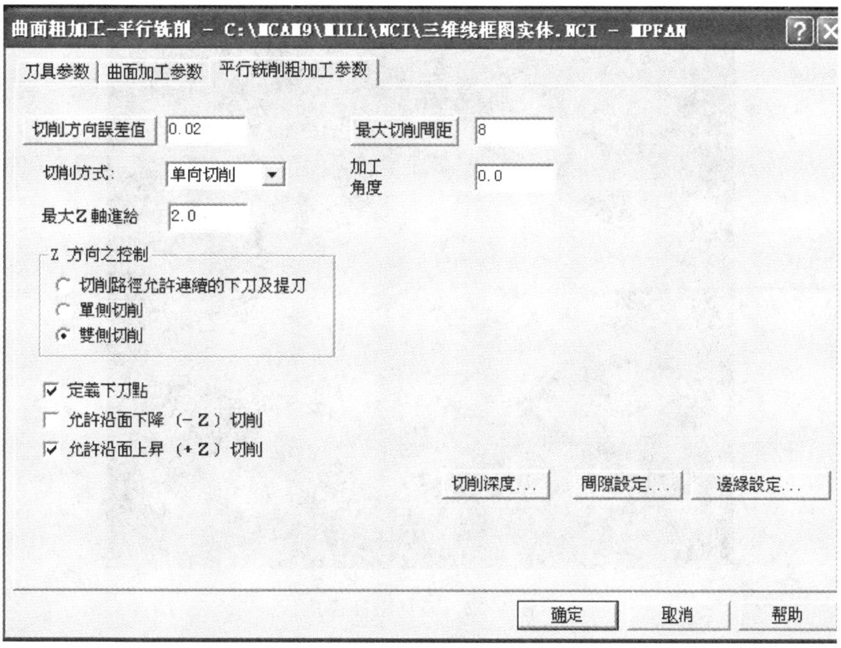

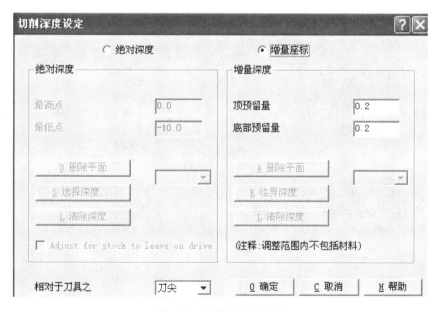

图 9-20 平行铣削粗加工参数

图 9-21 切削深度的设定

单击两次"确定"按钮。出现选择刀具包含边界 1 的提示,单击"串连",选择图 9-16 中的位置 1,单击"执行"。选择下刀点,选择图 9-16 中的位置 2。刀具路径模拟结果如图 9-22 所示。

3. 平行铣削曲面精加工

平行铣削曲面精加工是曲面精加工中应用得最广泛的一种加工方式。

按快捷键 ALT＋T,关闭刀具路径显示。选择"刀具路径→曲面加工→精加工→平行

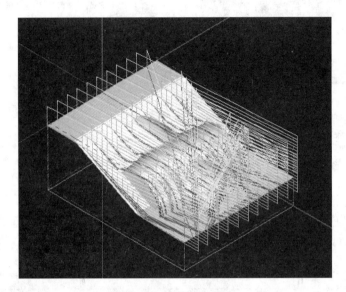

图 9-22 刀具路径模拟

铣削"命令，弹出"曲面精加工"对话框，选择 10 mm 球刀，曲面加工参数设置如图 9-23 所示。

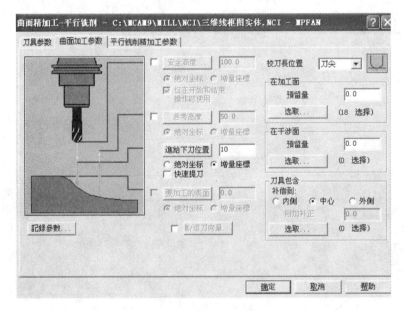

图 9-23 曲面加工参数设置

"平行铣削精加工参数"选项卡的设置如图 9-24 所示。

单击"切削误差"按钮，在弹出的对话框中选择过滤的比例为 2 : 1，整体的误差为 0.02，则过滤误差和切削方向误差被自动修改。可以看出，这两个误差的比例为 2 : 1，两个误差之和为整体误差。选择产生 XY 平面的圆弧，参数设置如图 9-25 所示。

过滤误差用于除去在设定的误差范围内刀具相邻路径中接近同线的点，并插入圆弧，以缩小加工程序的长度。过滤误差仍应至少设置为切削方向误差值的两倍，它们的比例可以由选择过滤比例的值来确定。

单击两次"确定"按钮,即可生成刀具路径。

在运行过程中可以看出,系统计算刀具路径的时间较长。在本例中,可以通过改变间隙设定的参数来减少计算时间。

按快捷键 ALT+O,打开"操作管理"对话框,选择"曲面精加工→平行铣削→参数",单击"平行铣削精加工参数",双击"间隙设定",如图 9-26 所示来设置参数。

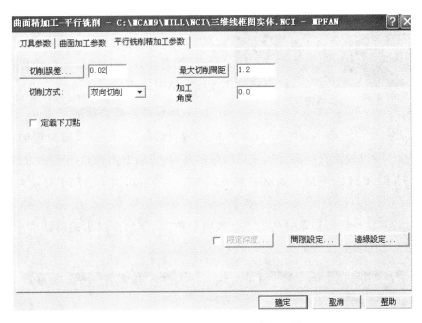

图 9-24 平行铣削精加工参数设置

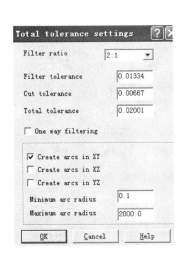

图 9-25 整体误差

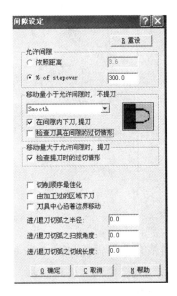

图 9-26 间隙设定

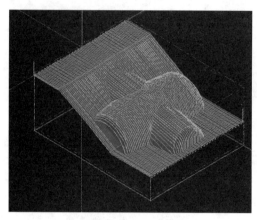

图9-27 刀具路径

由于本例中两切削之间在平面上运动,不需要检查过切,因此可以关闭"检查刀具在间隙的过切情形"。这样的设置可以减少刀具路径的计算时间。设置运动方式为平滑,这使两切削之间采用平滑刀具运动。

单击两次"确定"按钮。出现选择刀具包含边界1的提示,单击"串联",选择图9-16中的位置1,单击"执行"。在"操作管理"对话框中单击"重新计算",刀具路径以较短的时间重新生成。结果如图9-27所示。

4. 残料清角曲面精加工

残料清角(Leftover)曲面精加工适用于清除在先前的操作中以较大直径刀具加工后所留的残料,它沿着曲面以不等Z方式切削,而不像残料粗加工(Rest Mill)那样以固定Z轴方式加工。残料粗加工适用于有较大加工余量的粗加工。

选择"刀具路径→曲面加工→精加工→残料清角"命令。在弹出的对话框中选择5 mm球头铣刀,曲面加工参数设置如图9-28所示。

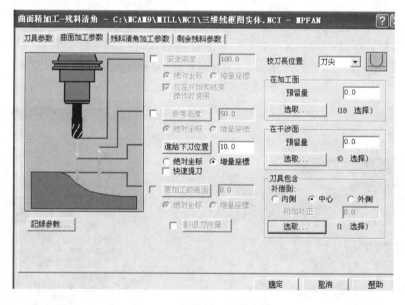

图9-28 曲面加工参数设置

残料清角参数设置如图9-29所示。

单击"确定"按钮。出现选择刀具包含边界1,单击"串联",选择图9-16中的位置1,单击"执行"。残料清角曲面精加工路径的结果如图9-30所示。

由于残料清角曲面精加工计算刀具路径时所需的内存容量较大,在计算过程中可能会弹出内存设置量太少的提示。这时可以选择"回主功能表→屏幕→系统规划→记忆体配

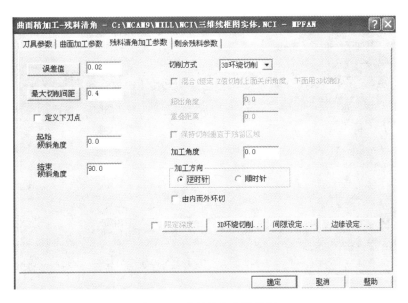

图 9-29 残料清角参数设置

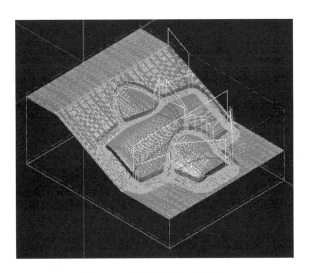

图 9-30 残料清角加工路径

置",在刀具路径配置量中增加其值(这时总的目前记忆体配置量也随之增加),然后单击"确定"按钮,重新生成刀具路径。

5. 交线清角曲面精加工

交线清角(Pencil)曲面精加工用于清除精加工后曲面交角处的残料。

选择"刀具路径→曲面加工→精加工→交线清角",弹出"曲面精加工"对话框,在其中选择 4 mm 球头铣刀,设置参数如图 9-31 所示。

单击"刀具的切削范围"项中的"选择"按钮,选择与平行铣削曲面粗加工中相同的位置1,选择执行。

单击"交线清角加工参数"选项卡,参数设置如图 9-32 所示。

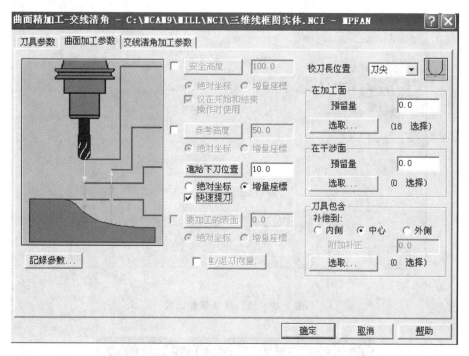

图 9-31　曲面精加工参数

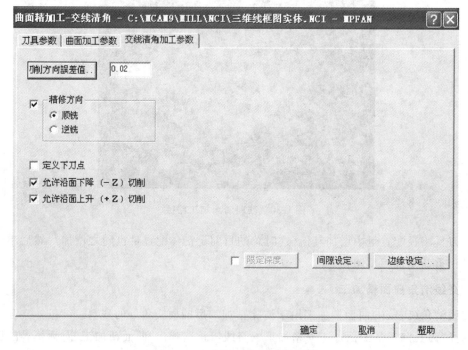

图 9-32　交线清角加工参数设置

单击"确定"按钮。交线清角曲面精加工路径的结果如图 9-33 所示。

综合曲面加工完成,所使用的全部刀具如图 9-34 所示。

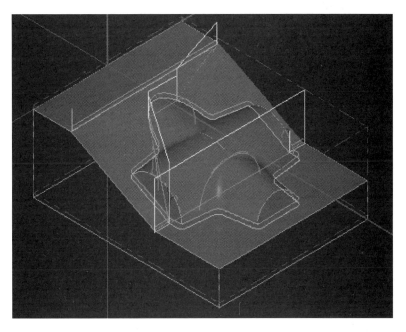

图 9-33 交线清角

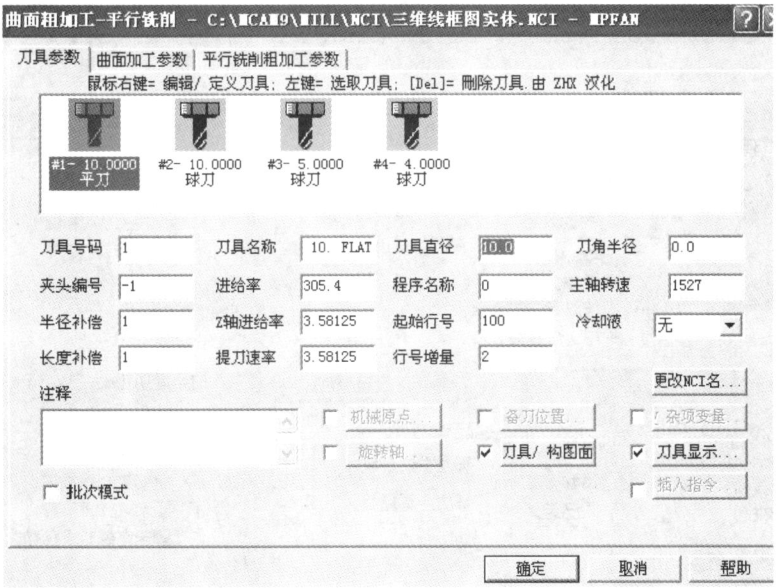

图 9-34 全部刀具

全部操作管理如图 9-35 所示。

在"操作管理"对话框中,单击"全选"按钮,单击"实体验证"按钮,参数设置如图 9-36 所示。

单击"确定"按钮,单击持续执行,实体切削验证仿真结果如图 9-37 所示。

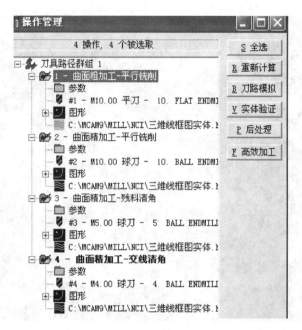

图 9-35 操作管理

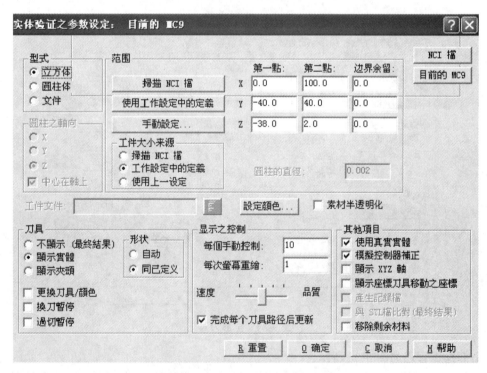

图 9-36 实体切削验证参数设置

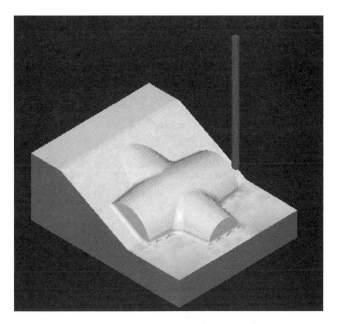

图 9-37 实体切削验证仿真

◀ 任务 4 实体综合加工实例 ▶

本例中将介绍曲面挖槽粗加工,等高外形精加工,浅平面精加工和路径修剪加工。
导入前面绘制的烟灰缸实体模型,如图 9-38 所示。

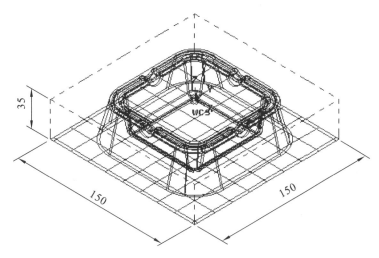

图 9-38 烟灰缸实体模型

1. 挖槽粗加工

(1)在主功能菜单中依次选择"刀具路径→工件设定→使用毛坯边界→确定",弹出对话框如图 9-39 所示。选择"显示工件"复选框,单击"确定"按钮。

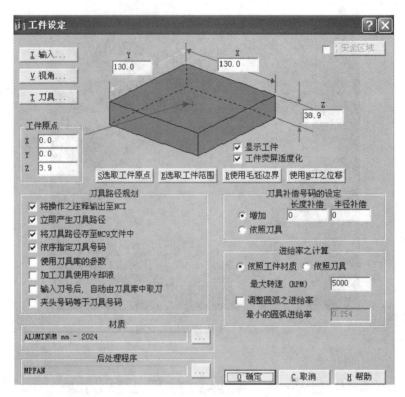

图 9-39　工件设定

（2）将构图面设定为俯视图。

（3）绘制辅助图素。绘制一个 150×150 的矩形框作为挖槽粗加工的切削范围,如图9-38 所示。

（4）在主功能菜单中依次选择"刀具路径→曲面加工→粗加工→挖槽粗加工"。

（5）在弹出的选择曲面菜单中选择"实体",弹出点选实体菜单。单击菜单中"实体主体",出现 Y,再单击图形中实体,选择实体时颜色发生变化,单击"执行",返回上级菜单,再单击"执行",弹出挖槽粗加工参数对话框。

（6）选择加工材料。在"刀具参数"表中的刀具区域处单击鼠标右键,在弹出的对话框中选择"工件设定",弹出"工件设定"对话框后,单击左下角的"材质"按钮,出现材料列表,选择所需加工的材料。

（7）设定所需的刀具时,在"刀具参数"表中的刀具区域处单击鼠标右键,在弹出的对话框中选择"从刀具资料库中取得刀具资料",然后从刀具资料中选择所需的两把刀具:直径 12 mm 的平刀和直径 6 mm 的球刀。

（8）设置曲面加工参数,如图 9-40 所示,注意预留精加工余量 0.5 mm。

（9）设定挖槽粗加工参数,如图 9-41 所示。注意在外边界部位采用切削范围外下刀,在封闭部位采用螺旋下刀,并且不需要安排边界精修。

（10）参数设置好后单击"确定"按钮。

（11）定义挖槽粗加工的加工范围。在弹出的串连外形菜单中选择"串连",选择图 9-38 中代表切削范围的矩形边界,再选择"执行",系统将开始计算刀具路径。

（12）验证该路径后,为了不影响后续加工路径的显示,先按快捷键 Alt＋T 将此操作的

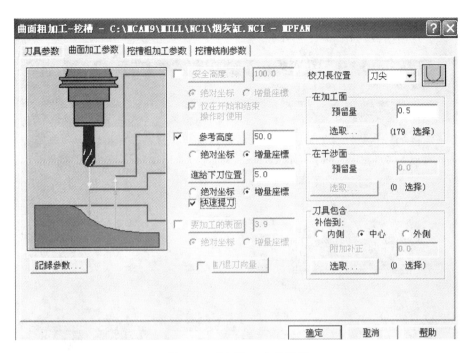

图 9-40　曲面加工参数设置

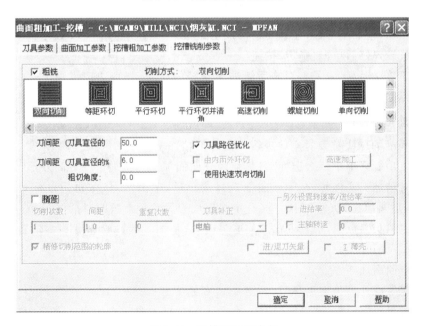

图 9-41　挖槽粗加工参数

刀具路径显示关闭。

2. 内底表面挖槽加工

（1）在主功能菜单中依次选择"刀具路径→挖槽加工"。

（2）定义挖槽边界时，弹出选择图形菜单，选择"实体"，单击实体内底表面，单击"执行"。

（3）选择 12 mm 平铣刀。

（4）设定挖槽参数，如图 9-42 所示。

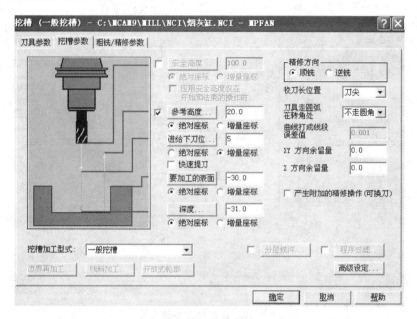

图 9-42　挖槽参数

（5）设置粗/精加工参数，注意要精修加工边界。

（6）参数设置好后单击"确定"按钮。

（7）验证该路径后，为了不影响后续加工路径的显示，先按快捷键 Alt＋T 将此操作的刀具路径显示关闭。

3. 等高外形精加工

采用 6 mm 的球头铣刀对实体进行等高外形精加工。

（1）在主功能菜单中依次选择"刀具路径→曲面加工→精加工→等高外形"。

（2）定义精加工实体时，在弹出曲面选择菜单后，单击"实体"，再用鼠标单击选择烟灰缸实体，选中后再单击"执行"2 次。屏幕中将出现刀具路径参数的对话框。

（3）设定刀具参数时，选择 6 mm 的球头铣刀，精加工的进给速度和主轴转速均应适当提高。

（4）设定曲面加工参数。

（5）设定等高外形精加工参数，如图 9-43 所示。

（6）参数设置好后单击"确定"按钮，在弹出的选择刀具包含边界 1 菜单中选择"串联"，选择图 9-38 中代表切削范围的矩形边界，再选择"执行"，系统开始计算刀具路径。

（7）关闭该操作的刀具路径显示。

4. 浅平面精加工

采用 6 mm 的球头铣刀进行浅平面精加工，主要是为了保证烟灰缸上表面边缘处的浅面加工。

（1）在主菜单中依次选择"刀具路径→曲面加工→精加工→浅平面加工"。

（2）定义精加工实体时，在弹出选择曲面菜单后单击"实体"，弹出点选实体菜单，单击

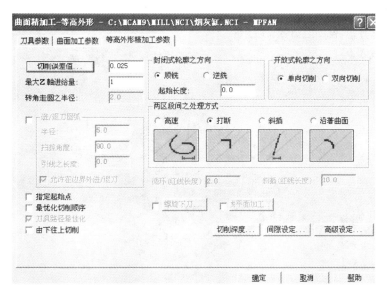

图 9-43 等高外形精加工参数

菜单中"实体主体",出现 Y,再选择烟灰缸实体,选择实体时颜色发生变化,选择后再单击"执行"。屏幕将弹出刀具路径参数对话框。

（3）设定刀具参数时,选择 6 mm 的球头铣刀。可适当提高进给速度和主轴转速。

（4）设置设定曲面加工参数。

（5）设定浅平面精加工参数,如图 9-44 所示。

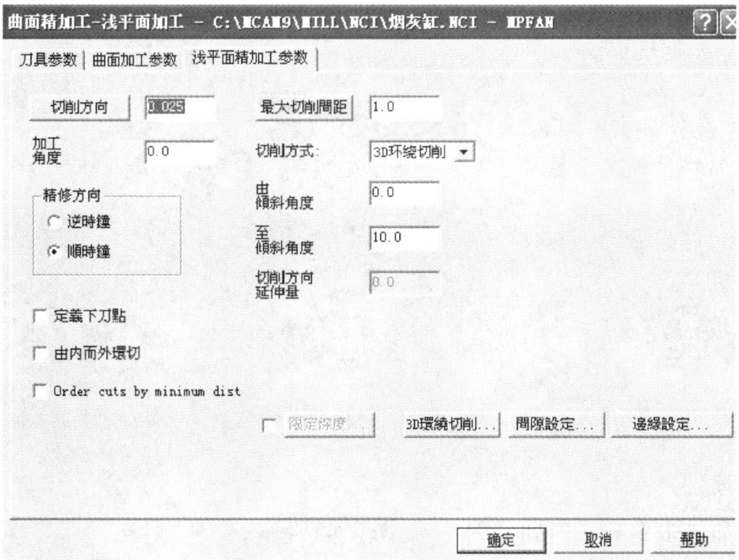

图 9-44 设置浅平面精加工参数

（6）参数设置好后选择"确定"。屏幕上将出现浅平面精加工路径。

（7）存储要修剪路径的 NCI 文件。在"操作管理"对话框中,选择浅平面加工（前面有一个蓝色的"√"）操作,选择"后处理",给存储该操作生成的 NCI 文件命名,如"yhgl.nci"。

（8）绘制修剪边界时，在俯视构图面中，设定 $Z=30$，绘制一个比内表底面稍小的矩形如 50×50，作为修剪边界，如图 9-45 所示。

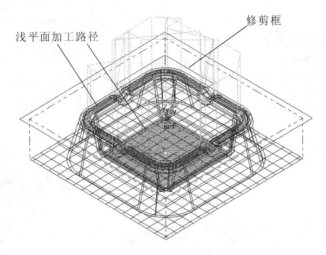

浅平面加工路径

修剪框

图 9-45　设置路径修剪边界

修剪内表底面的路径时，在主菜单中依次选择"刀具路径→下一页→路径修剪"，弹出串连修剪边界菜单，选择上一步绘制的矩形，再单击"执行"，弹出选点菜单，提示在要保留的路径部位选择一点，可在矩形框外任选一点。然后选择"提刀"，弹出输入修剪路径的 NCI 文件名对话框，输入"yhg1.nci"，系统开始计算修剪路径，结果如图 9-46 所示。

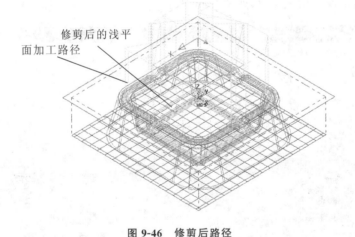

修剪后的浅平
面加工路径

图 9-46　修剪后路径

5. 操作管理

根据以上加工步骤最终得到如图 9-47 所示的"操作管理"对话框。要注意的是操作 5（路径修剪）是针对操作 4（浅平面加工）的改进方案。

6. 实体验证

验证结果如图 9-48 所示。

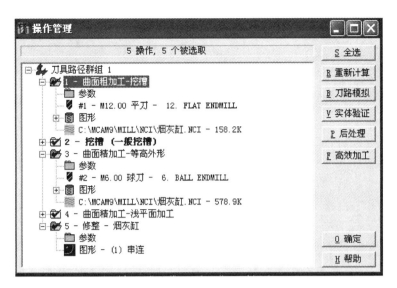

图 9-47 操作管理

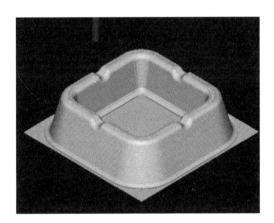

图 9-48 实体验证结果

项目 10
习题集

◀ **项目摘要**

　　本项目习题集供 MasterCAM 软件课程上机练习时使用。内容包括二维绘图、三维曲面绘图、三维实体绘图等内容。所选图例尽可能多的包含了软件的大部分常用命令，同一幅图可通过不同的命令和作图方法完成。通过练习可以达到熟练掌握软件绘图技巧的目的。

◀ 任务1　二维绘图 ▶

绘制图 10-1 至图 10-18 所示的二维零件图。

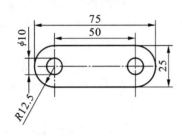

图 10-1

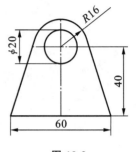

图 10-2

图 10-3

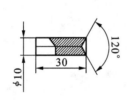

图 10-4

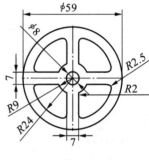

图 10-5

图 10-6

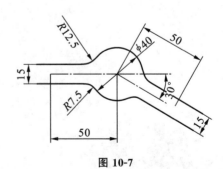

图 10-7

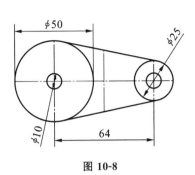

图 10-8

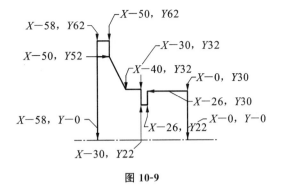

图 10-9

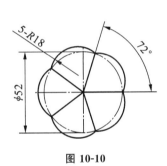

图 10-10

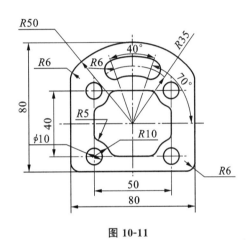

图 10-11

图 10-12

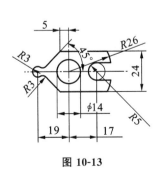

图 10-13

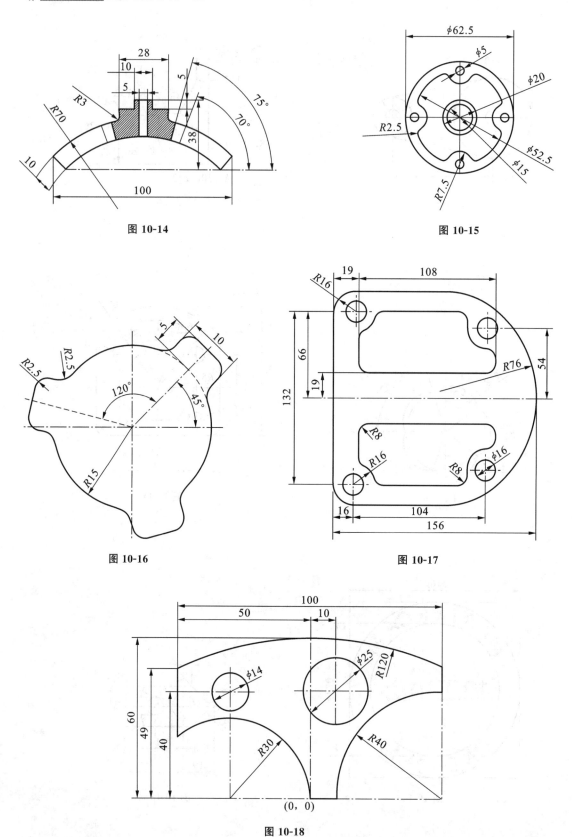

图 10-14

图 10-15

图 10-16

图 10-17

图 10-18

◀ 任务 2　曲面绘图 ▶

绘制图 10-19 至图 10-32 所示的曲面。

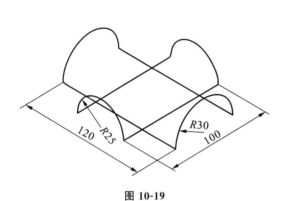

图 10-19

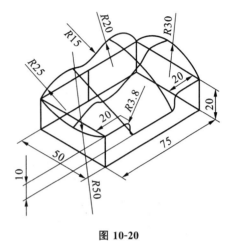

图 10-20

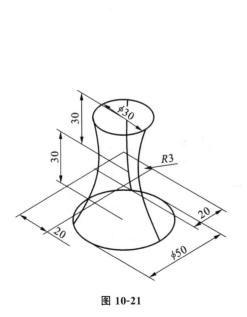

图 10-21

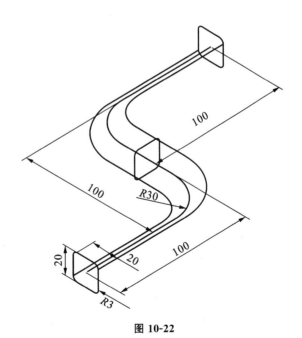

图 10-22

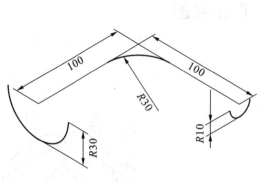

图 10-23

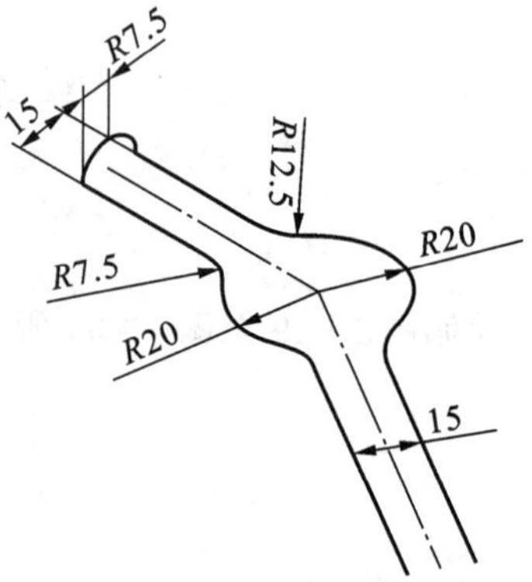

图 10-24

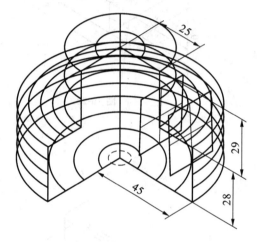

图 10-25

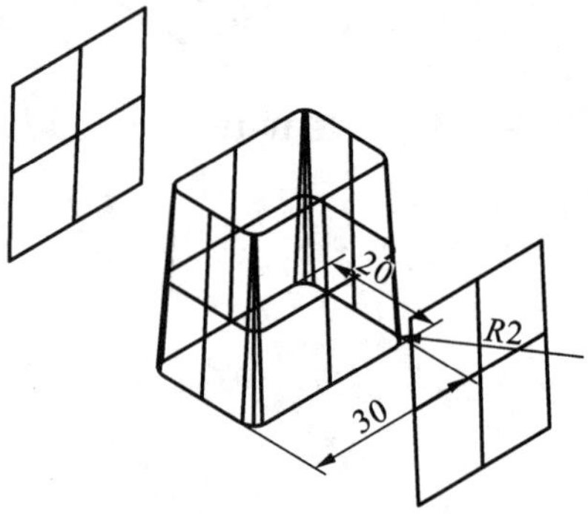

图 10-26

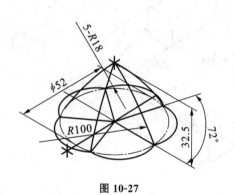

图 10-27

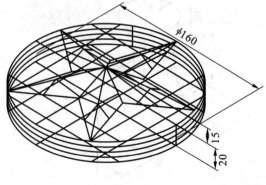

图 10-28

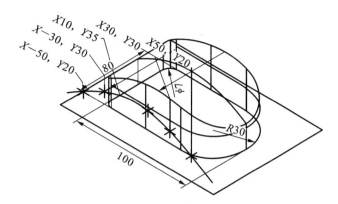

图 10-29

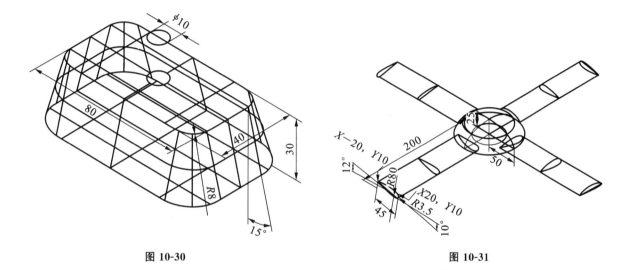

图 10-30

图 10-31

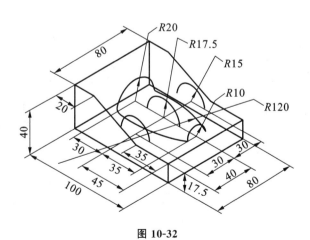

图 10-32

◀ 任务 3　实体绘图 ▶

绘制图 10-33 至图 10-41 所示的实体。

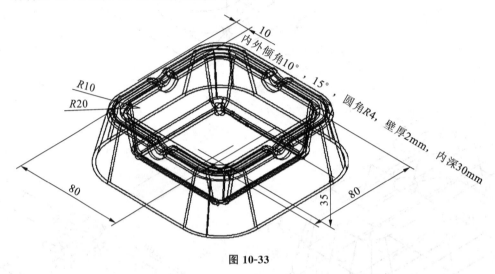

图 10-33

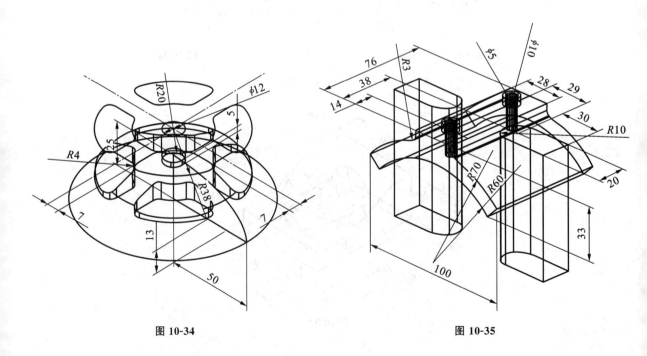

图 10-34

图 10-35

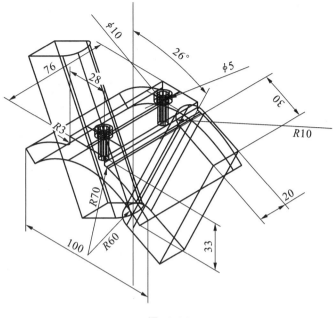

图 10-36

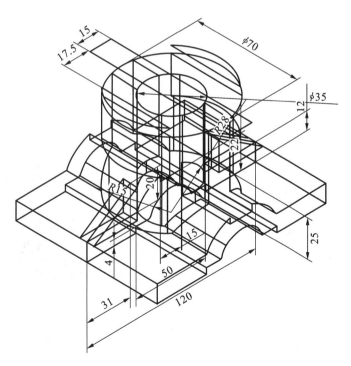

图 10-37

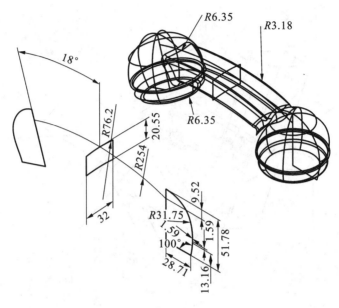

图 10-38

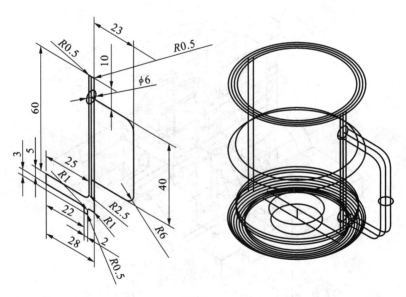

图 10-39

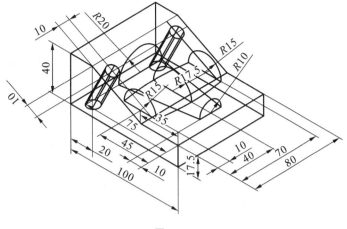

图 10-40

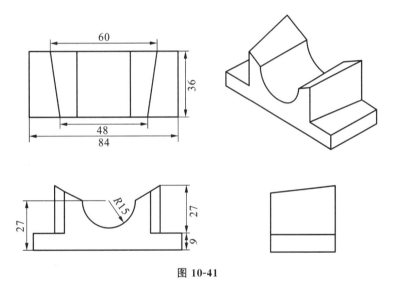

图 10-41

◀ 任务4 二维加工 ▶

选择图 10-1 至图 10-18 所示的二维零件图进行相应的二维加工。

◀ 任务5 三维加工 ▶

选择图 10-19 至图 10-41 所示的三维曲面和实体零件图进行相应的三维加工。

[1] 张导成. 三维 CAD/CAM——MasterCAM 应用[M]. 北京:机械工业出版社,2002.

[2] 孙祖和. MasterCAM 设计和制造范例解析[M]. 北京:机械工业出版社,2003.

[3] 韩旻. CAD/CAM 应用软件——MasterCAM 训练教程[M]. 北京:高等教育出版社,2003.

[4] 万世明. MasterCAM 基础与应用技术[M]. 北京:高等教育出版社,2003.

[5] 周文成. MasterCAM 入门与范例应用[M]. 北京:北京大学出版社,2002.

[6] 孙江红,陈秀梅. MasterCAM CAD/CAM 实用教程[M]. 北京:科学出版社,2005.